Mécanique des structures

Tome 5

Poutres

- Exercices -

Serge LAROZE
Michel LORRAIN

CÉPADUÈS-ÉDITIONS
111, rue Nicolas-Vauquelin
31100 TOULOUSE France
Tél. : 05 61 40 57 36 Fax :05 61 41 79 89
(de l'étranger) + 33 5 61 40 57 36 Fax : + 33 5 61 41 79 89
www.cepadues.com
Courriel : cepadues@cepadues.com

CHEZ LE MÊME ÉDITEUR

Le GRAFCET .... 2 .... ADEPA/AFCET
Optimisations en fabrication .... Agullo M.
Robustesse et commande optimale .... Alazard D. et al.
Cours de mécanique générale .... Bellet D.
Problèmes de mécanique rationnelle .... Bellet D.
Problèmes de mécanique des solides .... Bellet D.
Problèmes d'élasticité .... " .... Bellet D.
Cours d'élasticité
Comprendre, maîtriser et appliquer le GRAFCET .... Blanchard M.
Tables de détente ou compression isentropique de choc m = 1,400 .... Bonnet A., Luneau J.
Vous avez dit « Résistance des matériaux " ? Qu'en savez-vous ? .... Boudet R., Stephan P.
Que faut-il savoir en mécanique ? .... Boudet R., Sudre M.
La stratégie productique .... Brzakowski S., Delamalmaison R.
Produits et analyse de la valeur .... Chevallier J.
Conduite et gestion de projets .... Chvidchenko I., Chevallier J.
Elasticité linéaire .... c .... Dartus D.
Précis de résistance des matériaux .... Datas J.-M.
7 facettes du GRAFCET .... Gendreau et al.
Introduction à la dynamique des structures .... Gourinat Y.
Le GRAFCET : de nouveaux concepts .... GREPA (ADEPA)
Concepts et outils pour les systèmes de production .... Hennet J.-C. et al.
Optimisation des vibrations des structures mécaniques .... Marcelin J.-L..
Conception optimale des engrenages cylindriques .... Marcelin J.-L..
Mécanique élastoplastique de la rupture .... Pluvinage G.
120 exercices de Mécanique élastoplastique de la rupture .... Pluvinage G
La rupture du bois et de ses composites .... Pluvinage G..
Fuite et rupture des tubes endommagés .... Pluvinage G.., Sapunov V.-T.
Ingénierie & Ergonomie .... Pomian J.-L., Pradère T., Gaillard I.
Leçons sur les grandes déformations .... Souchet R.
Les Nouvelles rationalisations de la production .... de Terssac G., Dubois P. et al.

ISBN : 2.85428.713.4

Dépôt légal : septembre 2005

N° éditeur : 713

TABLE DES MATIERES

CHAPITRE I

GEOMETRIE ET STATIQUE DES POUTRES

Exercice II.1.1 : CALCULER LA POSITION DU CENTRE DE GRAVITE, PUIS LES MOMENTS QUADRATIQUES POUR LES SECTIONS SUIVANTES :

	Z_G	I_y	I_z	I_x
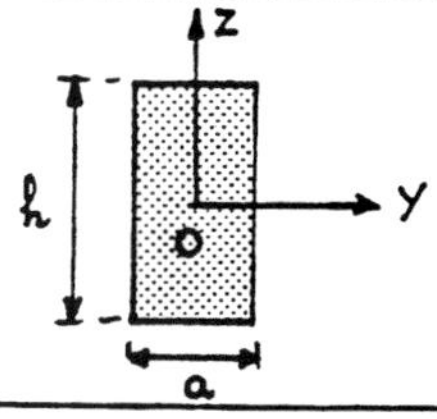	0	$\frac{a h^3}{12}$	$\frac{h a^3}{12}$	$\frac{a h}{12}(a^2+h^2)$
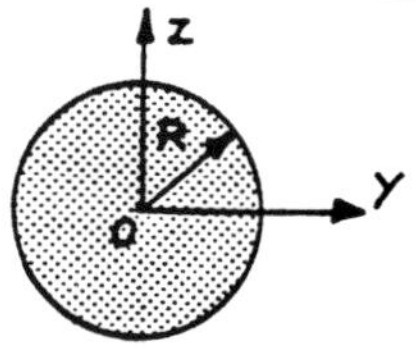	0	$\frac{\pi R^4}{4}$	$\frac{\pi R^4}{4}$	$\frac{\pi R^4}{2}$
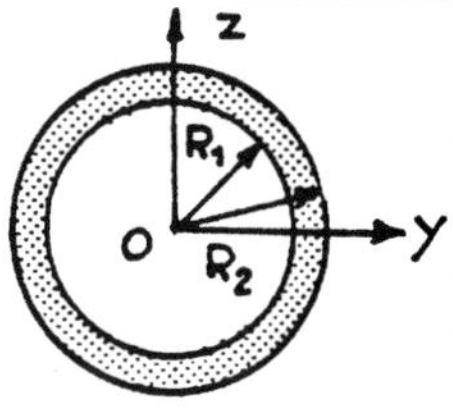	0	$\frac{\pi}{4}(R_2^4 - R_1^4)$	$\frac{\pi}{4}(R_2^4 - R_1^4)$	$\frac{\pi}{2}(R_2^4 - R_1^4)$
$R_2 - R_1 = e$ $R = \frac{R_2 + R_1}{2}$ $e \ll R$		$\pi R^3 e$	$\pi R^3 e$	$2 \pi R^3 e$
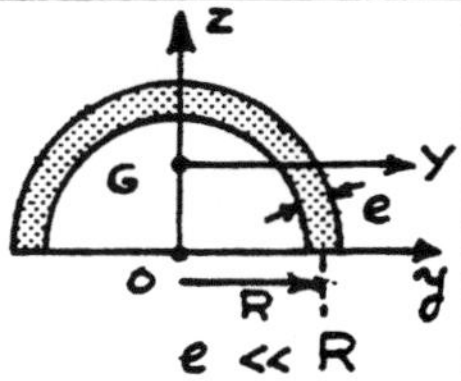 $e \ll R$	$\frac{2R}{\pi} \simeq$ $0{,}637 R$	$R^3 e\left(\frac{\pi}{2} - \frac{4}{\pi}\right)$ $\simeq 0{,}298 R^3 e$	$\frac{\pi R^3 e}{2}$	$R^3 e\left(\pi - \frac{4}{\pi}\right)$ $\simeq 1{,}868 R^3 e$
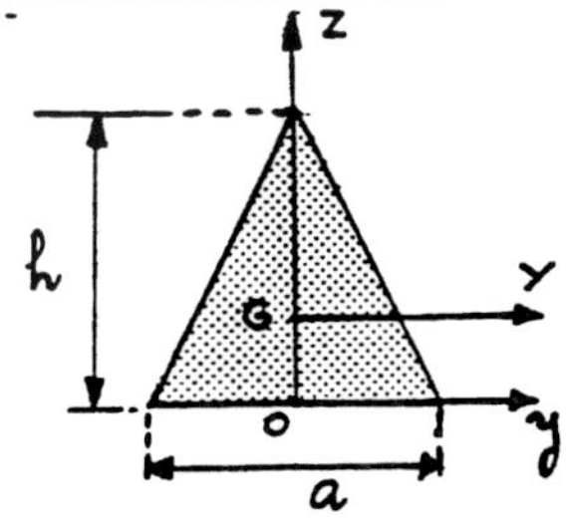	$\frac{h}{3}$	$\frac{a h^3}{36}$	$\frac{a^3 h}{48}$	$a h\left(\frac{h^2}{36} + \frac{a^2}{48}\right)$

Exercice II.1.2 : CALCUL DE MOMENTS QUADRATIQUES

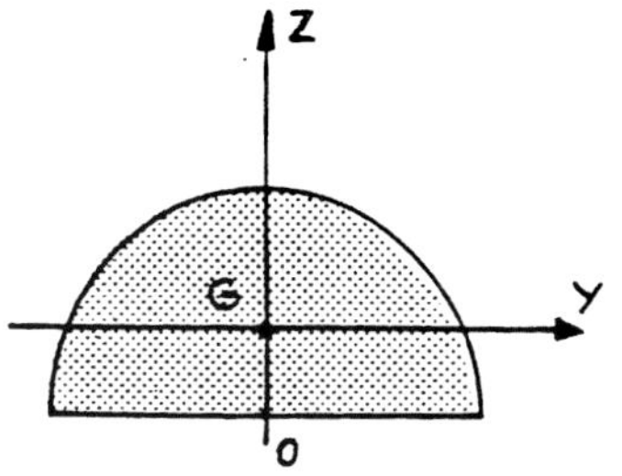

1) Demi-disque de rayon a :

$$\overline{OG} = \frac{4}{3\pi}\, a \qquad \text{(2ème théorème de Guldin)}$$

$$I_y = \left(\frac{\pi}{8} - \frac{8}{9\pi}\right) a^4 \simeq 0,110\, a^4$$

$$I_z = \frac{\pi a^4}{8} \simeq 0,393\, a^4$$

$$I_x = I_y + I_z \simeq 0,503\, a^4$$

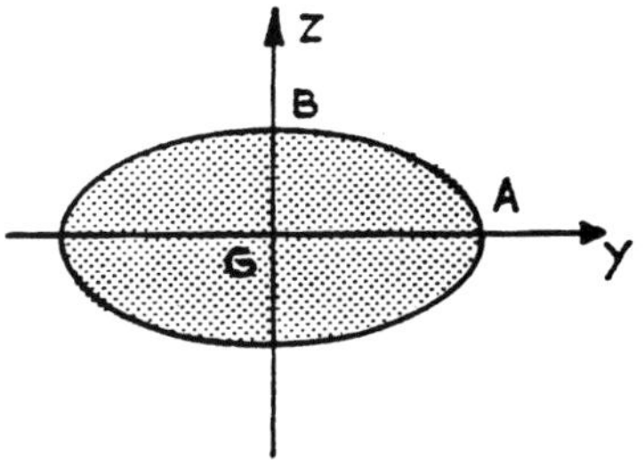

2) Ellipse de demi-axes a et b.

$$I_y = \frac{\pi}{4}\, a b^3 \simeq 0,785\, a b^3$$

$$I_z = \frac{\pi}{4}\, a^3 b \simeq 0,785\, a^3 b$$

$$I_x = I_y + I_z = \frac{\pi}{4}\, a b (a^2 + b^2)$$

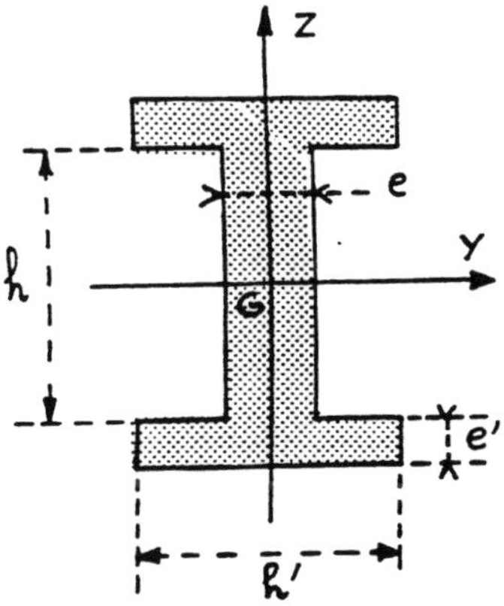

3) I symétrique. .

$$I_y = \frac{1}{12}\, e h^3 + \frac{2}{3}\, e'^3 h' + \frac{1}{2}\, e' h' h^2 + e'^2 h' h$$

$$I_z = \frac{1}{12}\, e^3 h + \frac{1}{6}\, e' h'^3$$

$$I_x = I_y + I_z$$

4) I symétrique mince : $e \ll h$ et $e' \ll h'$

$$I_y \simeq \frac{1}{12}\, e h^3 + \frac{1}{2}\, e' h' h^2$$

$$I_z \simeq \frac{1}{6}\, e' h'^3$$

Exercice II.1.3 : POUTRE DROITE ISOSTATIQUE : DIAGRAMMES ET VISSEUR

On considère la poutre $0A$ articulée en O , simplement appuyée en A , rectiligne, définie sur la figure ci-dessous.

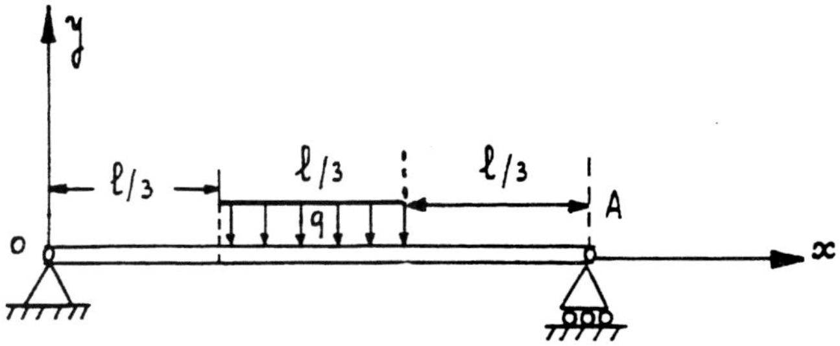

Elle est soumise à une charge répartie uniformément verticale d'intensité q appliquée de $x = \frac{\ell}{3}$ à $x = \frac{2\ell}{3}$.

On demande de tracer les diagrammes de moment fléchissant et effort tranchant.

- SOLUTION PROPOSEE -

Le système considéré est isostatique.

Calcul des réactions d'appui en O et A .

Elles sont verticales.

$$\vec{R_O} \begin{cases} X_O = 0 \\ Y_O \end{cases} \qquad \vec{R_A} \begin{cases} X_A = 0 \\ Y_A \end{cases}$$

$$Y_O + Y_A = q\,\frac{\ell}{3}$$

$$Y_O = Y_A \quad \text{par raison de symétrie}$$

d'où

$$Y_O = Y_A = q\,\frac{\ell}{6}$$

Détermination du visseur sur toute section droite de la poutre.

Pour $0 \leq x \leq \frac{\ell}{3}$:

$$\begin{cases} T = -q\,\frac{\ell}{6} \\ M = q\,\frac{\ell}{6}\,x \end{cases}$$

les autres composantes sont nulles.

Pour : $\frac{\ell}{3} \leq x \leq \frac{2\ell}{3}$:

$$\begin{cases} T = q\,\frac{\ell}{6} - \left(\frac{2\ell}{3} - x\right) q = q\left(x - \frac{\ell}{2}\right) \\ M = q\,\frac{\ell}{6}(\ell - x) - \frac{q}{2}\left(\frac{2\ell}{3} - x\right)^2 = q\left(-\frac{x^2}{2} + \frac{\ell x}{2} - \frac{\ell^2}{18}\right) \end{cases}$$

Pour : $\frac{2\ell}{3} \leq x \leq \ell$

$$\begin{cases} T = q\,\frac{\ell}{6} \\ M = q\,\frac{\ell}{6}(\ell - x) \end{cases}$$

Diagrammes

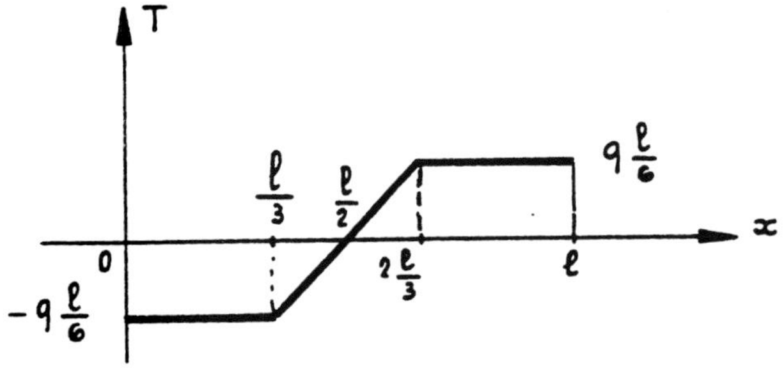

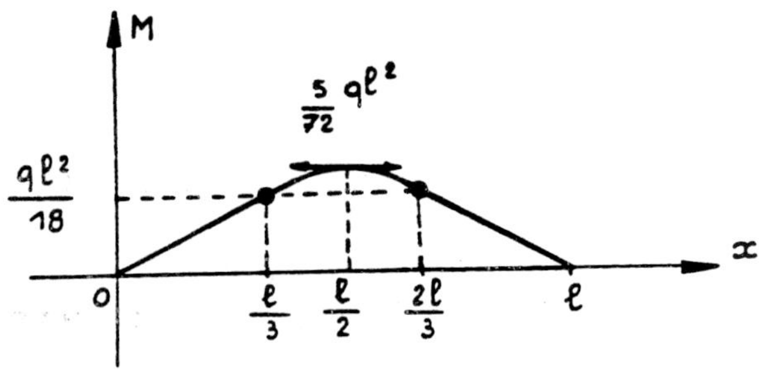

Exercice II.1.4 : DIAGRAMMES D'EFFORT TRANCHANT ET DE MOMENT FLECHISSANT

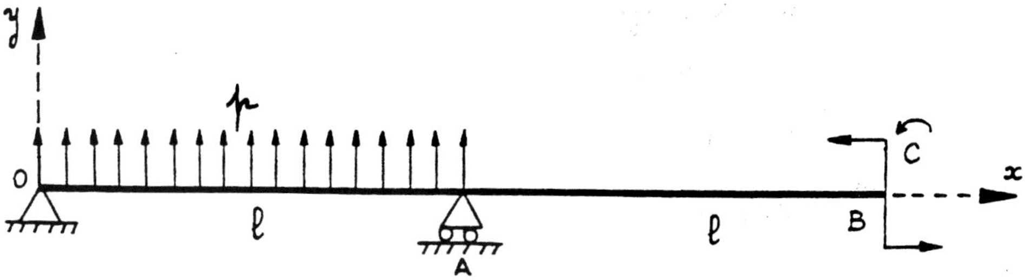

Chargement :

- entre O et A , force uniformément répartie de densité linéique p .
- A l'extrémité B un couple $\overset{\frown}{C}$ de mesure algébrique C sur l'axe Oz .

Questions :

1) Calculer les réactions R_O et R_A , algébriques sur l'axe Oy .

2) Donner, dans chaque travée et à l'abscisse x , l'effort tranchant $T = T_y$ et le moment de flexion $M = M_z$.

3) Avec $\ell = 1m$, $p = 600\ N/m$, $C = 400\ N_\wedge m$, tracer les diagrammes d'effort tranchant et de moment fléchissant en respectant les correspondances entre ces courbes.

- SOLUTION PROPOSEE -

1) Equilibre des forces $/\!/ Oy$:

$$R_O + R_A + p\ell = 0$$

Equilibre des moments en O :

$$C + \ell R_A + \frac{1}{2} p\ell^2 = 0$$

On en tire :
$$\begin{cases} R_O = -\frac{1}{2} p\ell + \frac{C}{\ell} = 100\ N \\ R_A = -\frac{1}{2} p\ell - \frac{C}{\ell} = -700\ N \end{cases}$$

2) $\ell < x \leqslant 2\ell \Rightarrow \begin{cases} T = T_y = 0 \\ M = M_z = C = 400\ N \times m \end{cases}$

$$0 \leqslant x \leqslant \ell \implies \begin{cases} T = T_y = -px + \frac{1}{2} p\ell - \frac{c}{\ell} \\ M = M_z = \frac{1}{2} px^2 - \frac{1}{2} p\ell x + \frac{c}{\ell} x \end{cases}$$

$$\left.\begin{cases} T = -100\,(6x+1) & N \\ M = 100\,(3x^2+x) & N.m \end{cases}\right\} x \text{ en mètres}$$

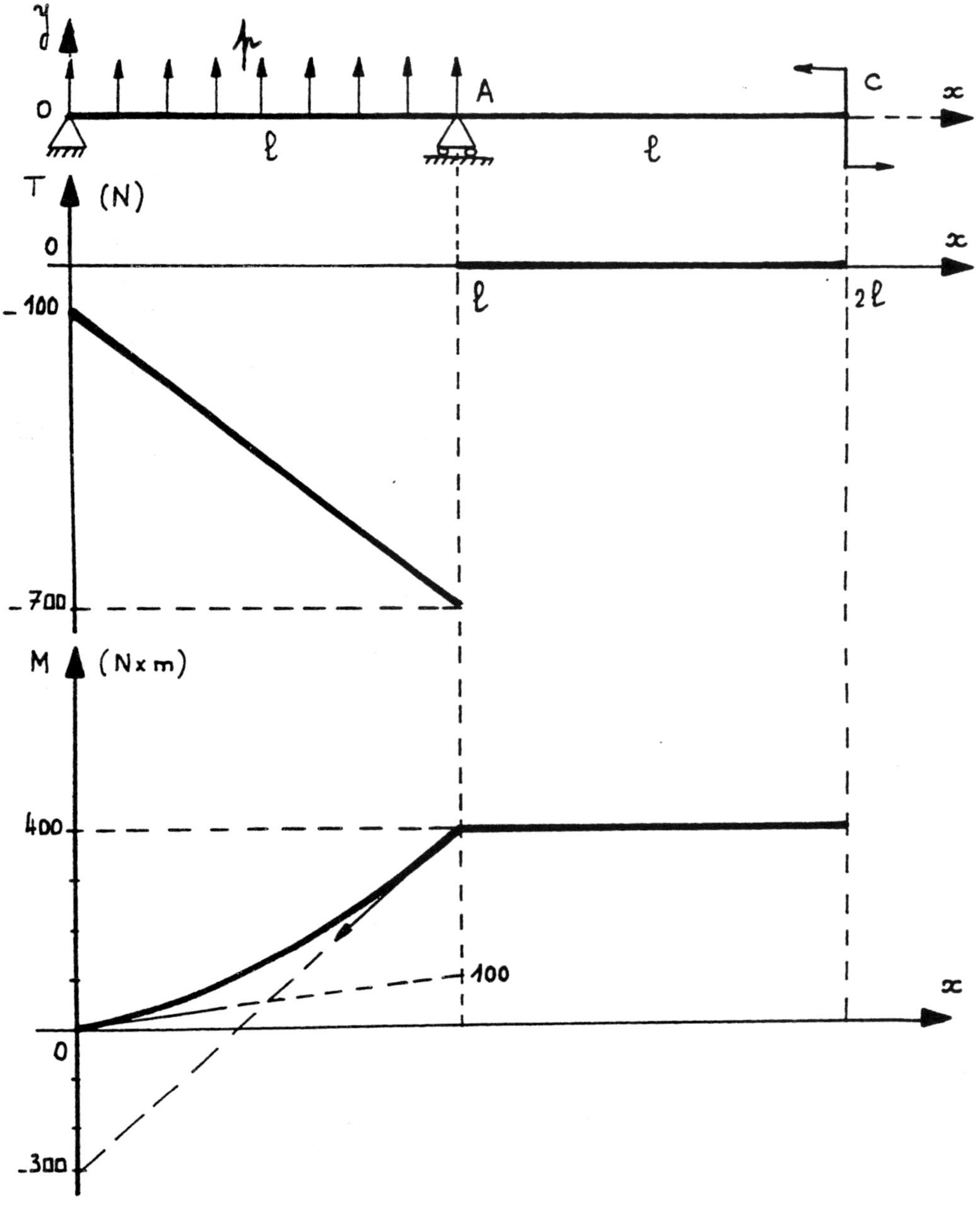

Exercice II.1.5 : DIAGRAMMES D'EFFORT TRANCHANT ET DE MOMENT FLECHISSANT

On considère une poutre rectiligne, de longueur 3ℓ, reposant sur deux appuis simples, en ses extrémités d'abscisses O et 3ℓ. Le chargement est indiqué sur la figure; le poids propre est négligeable.

Calculer l'effort tranchant $T_y = T(x)$ et le moment de flexion $M_z = M(x)$ sur la section droite courante d'abscisse x.

Tracer les diagrammes correspondants.

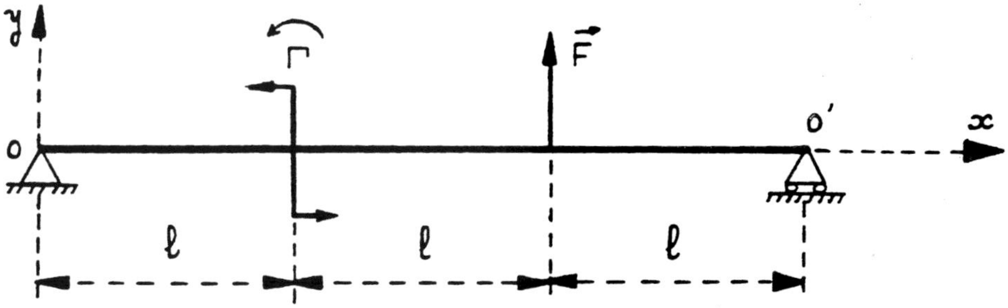

On prendra $\Gamma = F.\ell > 0$ (Γ = mesure algébrique du vecteur $\vec{\Gamma}$ sur OZ).

- SOLUTION PROPOSEE -

1) Mise en équilibre de la poutre : $\begin{cases} R_O + R_{O'} + F = 0 \\ \Gamma + 2F\ell + 3\ell R_{O'} = 0 \end{cases}$

$\Rightarrow \begin{cases} R_O = 0 \\ R_{O'} = -F \end{cases}$

2) - pour $0 \leq x \leq \ell$ $\begin{cases} T = F + R_{O'} = 0 \\ M = \Gamma + F(2\ell - x) + R_{O'}(3\ell - x) \end{cases}$

soit $\begin{cases} T = 0 \\ M = 0 \end{cases}$

- pour $\ell \leq x \leq 2\ell$ $\begin{cases} T = F + R_{O'} = 0 \\ M = F(2\ell - x) + R_{O'}(3\ell - x) \end{cases}$

soit $\begin{cases} T = 0 \\ M = -F\ell \end{cases}$

- pour $2\ell \leq x \leq 3\ell$ $\begin{cases} T = -F \\ M = -F(3\ell - x) \end{cases}$

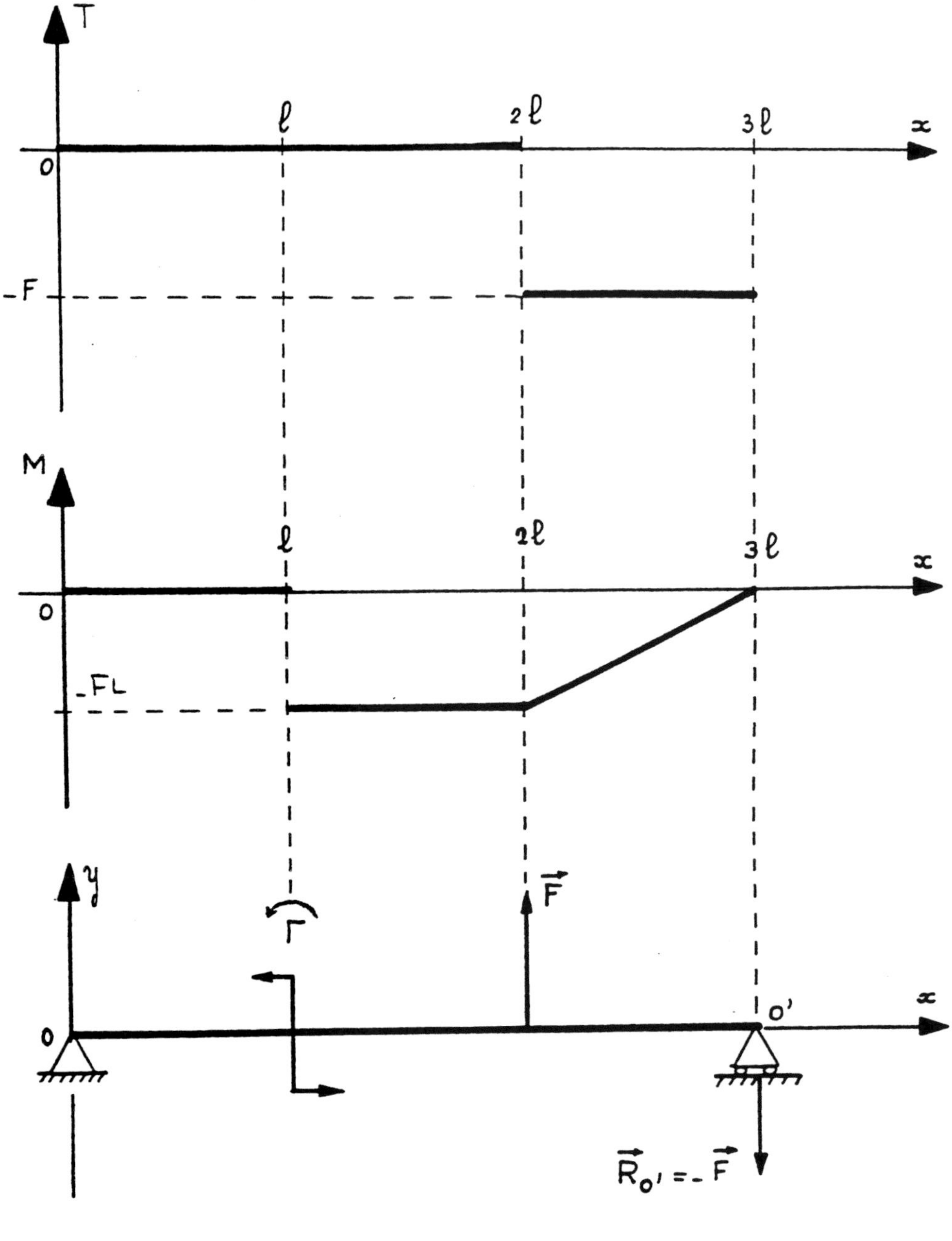
T
ℓ
2ℓ
3ℓ
x
0
-F
M
ℓ
2ℓ
3ℓ
x
0
-FL
y
Γ
$\vec{F}$
0
0'
x
$\vec{R}_{O'} = -\vec{F}$

Exercice II.1.6 : DIAGRAMMES D'EFFORT TRANCHANT ET DE MOMENT FLECHISSANT

On considère la poutre (OAB) à plan moyen xoy, à ligne moyenne rectiligne, chargée dans son plan moyen, définie sur la figure ci-après :

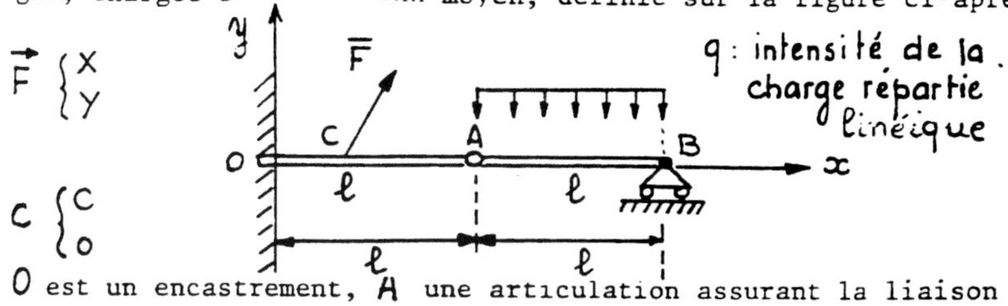

O est un encastrement, A une articulation assurant la liaison de (OA) et (AB) et B un appui simple à plan d'appui horizontal.

On demande de calculer les composantes du visseur sur toute section droite de cette poutre et de tracer les diagrammes correspondants.

- SOLUTION PROPOSEE -

La structure constituée par la poutre (OAB) est isostatique. Les équations de l'équilibre s'écrivent :

$$\begin{cases} X_O + X = 0 \\ Y_O + Y - q\ell + Y_B = 0 \\ M_O + CY - 3\dfrac{q\ell^2}{2} + 2\ell Y_B = 0 \end{cases}$$

et $\ell Y_B - \dfrac{q\ell^2}{2} = 0$, équation complémentaire traduisant l'articulation en A .

D'où :

$$\begin{cases} X_O = -X \\ Y_O = \dfrac{q\ell}{2} - Y \\ M_O = -CY + \dfrac{q\ell^2}{2} \\ Y_B = \dfrac{q\ell}{2} \end{cases}$$

En projetant sur les axes $\overrightarrow{GX}$, $\overrightarrow{GY}$, $\overrightarrow{GZ}$ du repère mobile associé à chaque section droite de la poutre (OAB), les résultante générale et moment résultant en G des forces d'aval, on obtient les composantes du visseur. Soit : $0 < x < C$

$$\begin{cases} N = X \\ T = Y - \dfrac{q\ell}{2} \\ M = Y(C - x) + \dfrac{q\ell}{2}x - \dfrac{q\ell^2}{2} \end{cases}$$

$c < x < \ell$

$$\begin{cases} N = 0 \\ T = -\dfrac{q\ell}{2} \\ M = \dfrac{q\ell}{2}(x - \ell) \end{cases}$$

$\ell < x < 2\ell$

$$\begin{cases} N = 0 \\ T = \dfrac{q\ell}{2}\left(2\dfrac{x}{\ell} - 3\right) \\ M = \dfrac{q}{2}(2\ell - x)(x - \ell) \end{cases}$$

M_x , T_z , M_y étant nuls puisque la poutre est à plan moyen et chargée dans ce plan.

D'où les diagrammes des variations de N , T , M le long de la poutre.

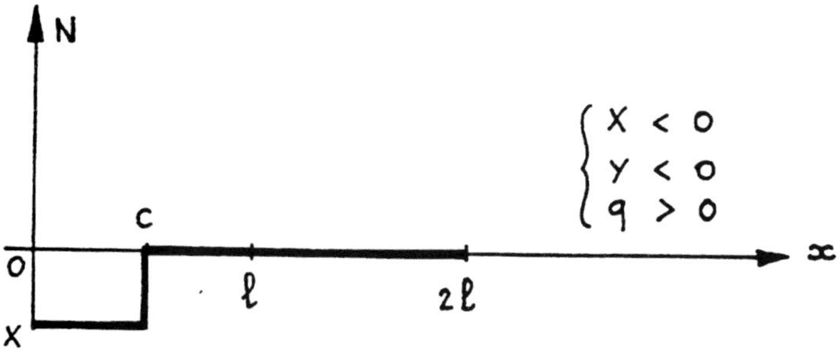

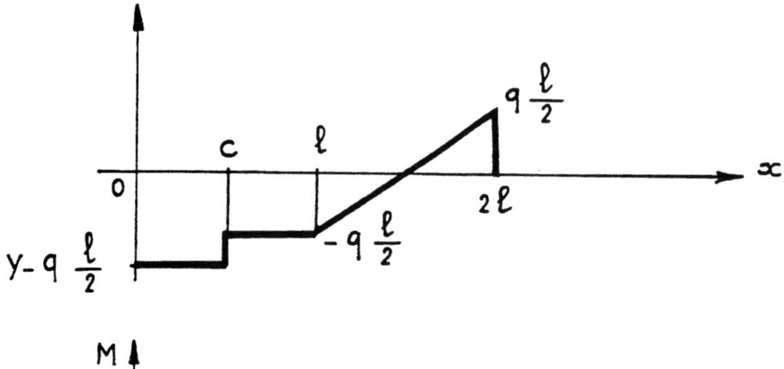

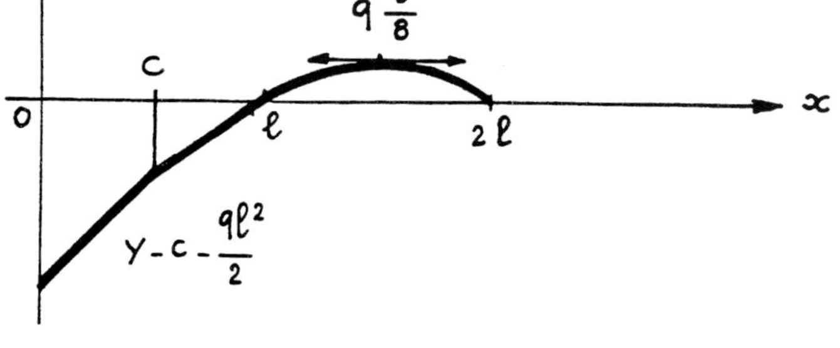

Exercice II.1.7 : POUTRE CIRCULAIRE, VISSEUR, DIAGRAMMES

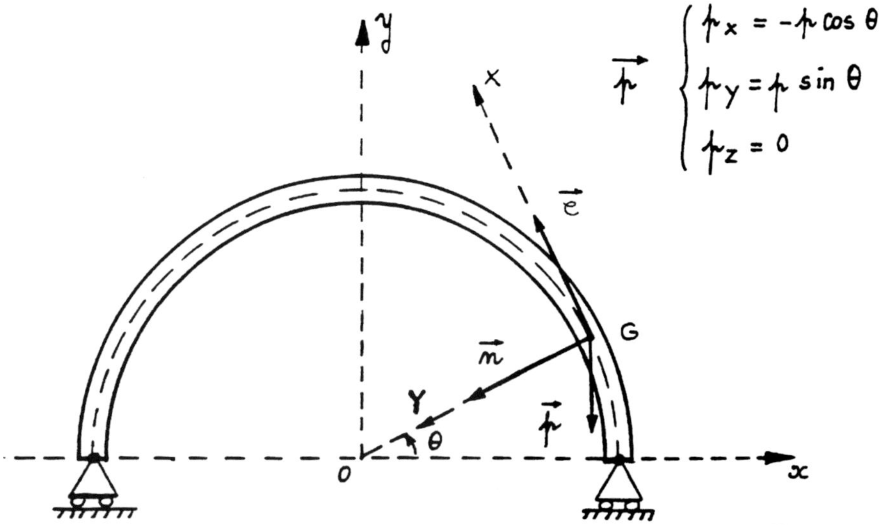

Une poutre à plan moyen (xoy), à section droite constante (S), a pour ligne moyenne un demi cercle de rayon a. Elle est située dans un plan vertical (oy verticale ascendante), soumise à son propre poids $P = \pi a p$ et repose en ses extrémités sur des appuis simples situés sur l'axe $x'x$.

Calculer sur la section droite courante, repérée par θ, l'effort normal N, l'effort tranchant $T = T_y$ et le moment de flexion $M = M_z$. Tracer les diagrammes correspondants.

- SOLUTION PROPOSEE -

Le problème est plan : $M_x = 0$; $M_y = 0$; $T_z = 0$

Les équations de l'équilibre local s'écrivent, avec $R = a$:

$$N' - T = ap\cos\theta \; ; \; N + T' = -ap\sin\theta \; ; \; M' + aT = 0 \; ; \; \left(' = \frac{d}{d\theta}\right) -$$

Les conditions aux limites s'écrivent, d'autre part :

$$N(0) = -\frac{\pi}{2}ap \; ; \; T(0) = 0 \; ; \; M(0) = 0$$

L'intégration donne alors, compte tenu de ces C.L. :

$$\begin{cases} N = -ap\left(\frac{\pi}{2} - \theta\right)\cos\theta \\ T = ap\left(\frac{\pi}{2} - \theta\right)\sin\theta \\ M = a^2p\left[\left(\frac{\pi}{2} - \theta\right)\cos\theta + \sin\theta - \frac{\pi}{2}\right] \end{cases}$$

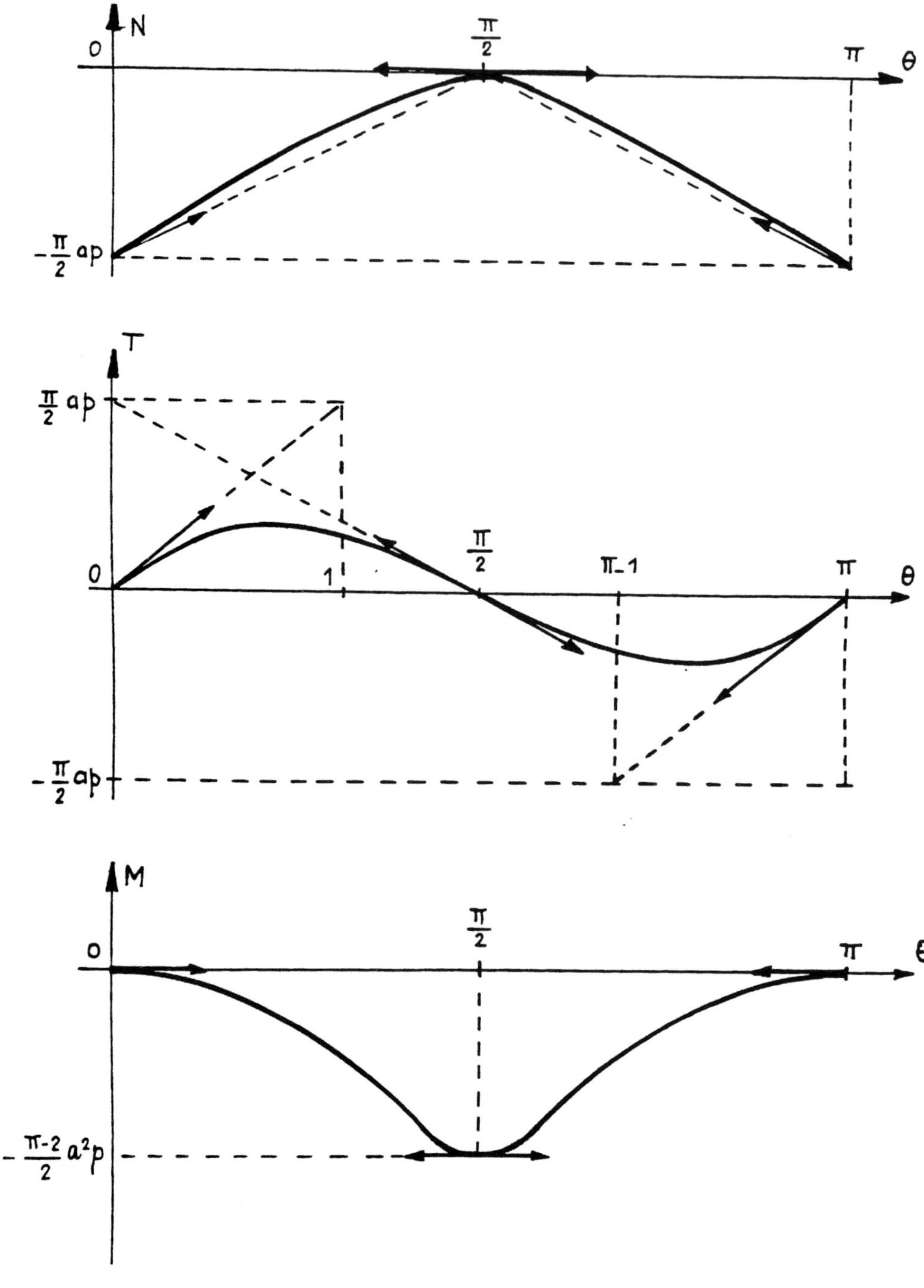

Exercice II.1.8 : POUTRE COURBE PLANE : CALCUL DU VISSEUR

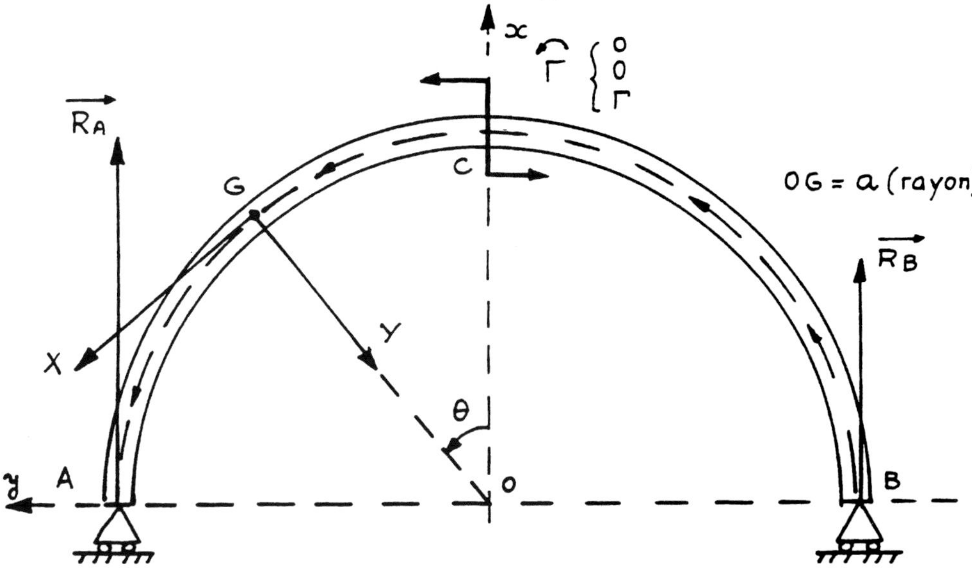

On considère une poutre à plan moyen (xoy), de section droite constante (S). La ligne moyenne est demi-cercle $\overset{\frown}{BCA}$; elle est simplement appuyée en ses extrémités A et B et soumise en son milieu C à un couple Γ comme l'indique la figure.

1) Calculer les réactions $\vec{R_A}$ et $\vec{R_B}$

2) Calculer pour $\theta \in \left]-\frac{\pi}{2}, 0\right[$ puis $\theta \in \left]0, \frac{\pi}{2}\right[$

les composantes N, T_y, T_z, M_x, M_y, M_z du visseur sur la section droite (S) repérée par l'angle θ.

3) Tracer les diagrammes d'effort normal, d'effort tranchant et de moment de flexion

Soit $\theta \longmapsto N(\theta)$, $\theta \longmapsto T(\theta)$ et $\theta \longmapsto M(\theta)$

- <u>SOLUTION PROPOSEE</u> -

1) Les réactions sont parallèles à Ox et ont pour mesures algébriques sur ces axes : $R_A = \frac{\Gamma}{2a}$, $R_B = -\frac{\Gamma}{2a} = -R_A$

2) Le problème est plan : on a

$$T_z = 0\,,\quad M_y = 0\,,\quad M_x = 0$$

$\theta < 0$

$N = -R_A \sin\theta$

$T = -R_A \cos\theta$

$M = a R_A (1 + \sin\theta)$

$\theta > 0$

$N = -R_A \sin\theta$

$T = -R_A \cos\theta$

$M = -a R_A (1 - \sin\theta)$

avec $R_A = \dfrac{\Gamma}{2a}$

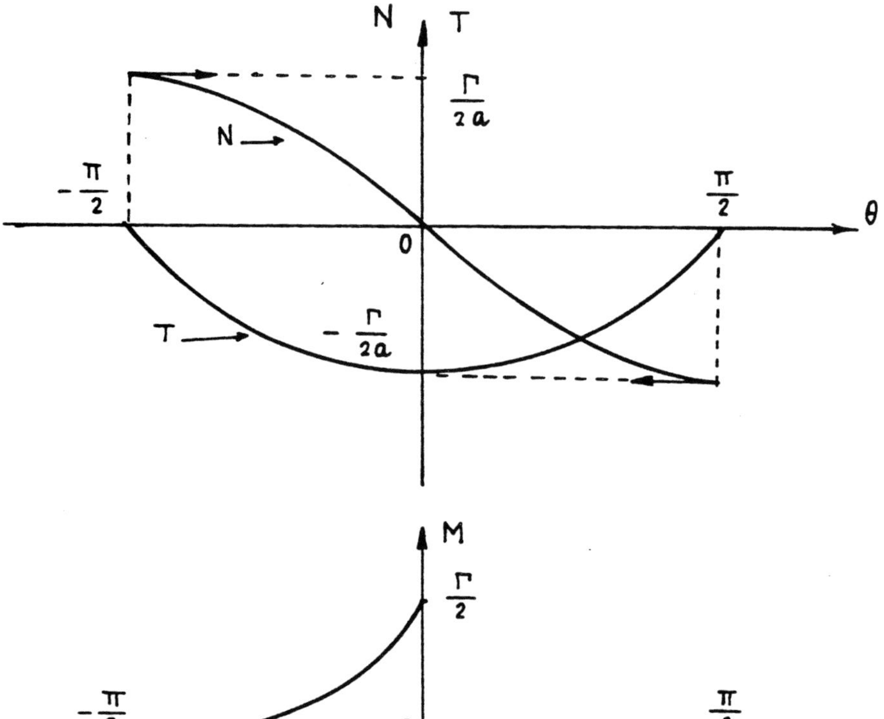

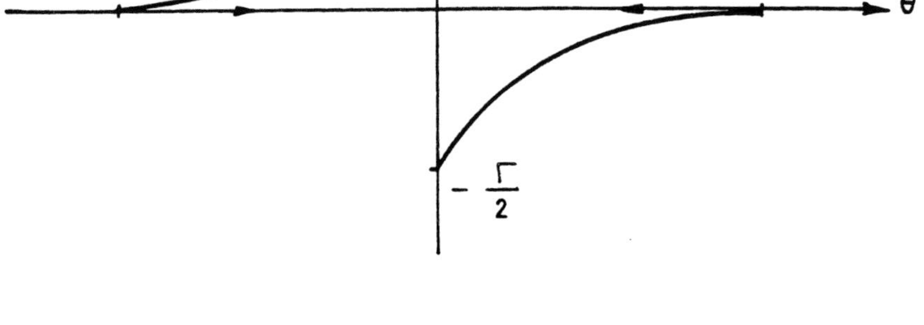

Exercice II.1.9 : POUTRE COURBE PLANE : VISSEUR ET DIAGRAMMES

On considère une poutre courbe, plane, ACB dont la ligne moyenne est un demi-cercle de centre O de rayon R. L'extrémité A est articulée, l'extrémité B est simplement appuyée sur un plan horizontal. Il s'exerce en C une force $\vec{F}(F, 0, 0)$. Pour décrire la poutre on considèrera le point B comme origine des abscisses curvilignes.

En G centre de gravité de la section droite courante on choisit le repère indiqué sur la figure ci-dessous.

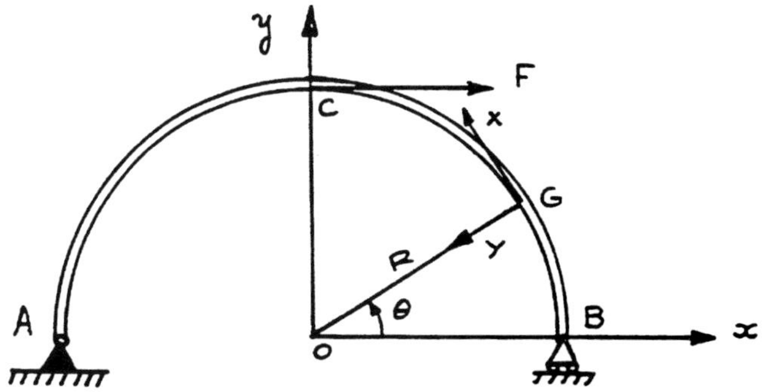

1) Déterminer les réactions des liaisons

2) Calculer l'effort normal, l'effort tranchant, le moment de flexion. Tracer les diagrammes correspondants.

- SOLUTION PROPOSEE -

1)

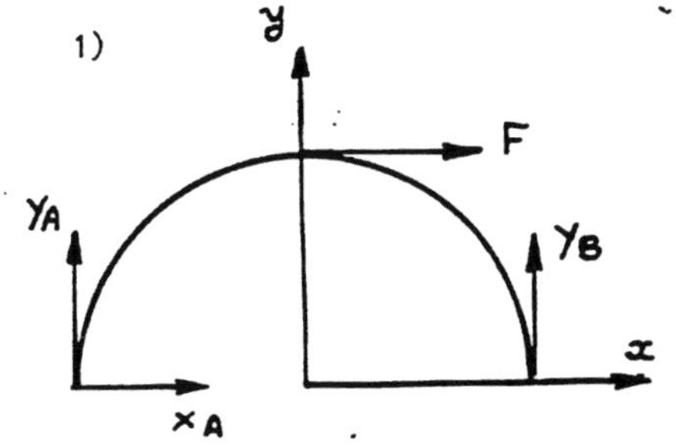

L'équilibre global de la poutre s'écrit :

$$\begin{cases} X_A + F = 0 \\ Y_A + Y_B = 0 \\ 2RY_B - FR = 0 \end{cases}$$

d'où $X_A = -F \quad Y_B = \frac{F}{2} \quad Y_A = -\frac{F}{2}$

2) On détermine les composantes du visseur par intégration des équations d'équilibre (11,chapitre I). Elles s'écrivent :

$$\frac{dN}{d\theta} - T = 0 \; ; \; N + \frac{dT}{d\theta} = 0 \; ; \; \frac{dM}{d\theta} + RT = 0$$

Par élimination de T entre les deux premières équations on a :

$$\frac{d^2N}{d\theta^2} + N = 0 \quad \text{soit :} \quad N = a\cos\theta + b\sin\theta$$

d'où :

$$T = -a\sin\theta + b\cos\theta$$

et

$$M = -(a\cos\theta + b\sin\theta + c)R$$

Les conditions aux limites en A et B permettent de déterminer la valeur des constantes d'intégration et ainsi d'obtenir la valeur des composantes du visseur pour $\theta < \frac{\pi}{2}$ et $\theta > \frac{\pi}{2}$.

en A : $N = -Y_A = \frac{F}{2}$; $T = X_A = -F$; $M = 0$

en B : $N = -Y_B = -\frac{F}{2}$; $T = 0$; $M = 0$

d'où les fonctions cherchées :

$$\theta < \frac{\pi}{2} : N = -\frac{F}{2}\cos\theta \; ; \; T = \frac{F}{2}\sin\theta \; ; \; M = \frac{RF}{2}(\cos\theta - 1)$$

$$\theta > \frac{\pi}{2} \quad N = -\frac{F}{2}\cos\theta + F\sin\theta \; ; \; T = +\frac{F}{2}\sin\theta + F\cos\theta ; \; M = RF\left(\frac{1}{2}\cos\theta - \sin\theta + \frac{1}{2}\right)$$

diagrammes :

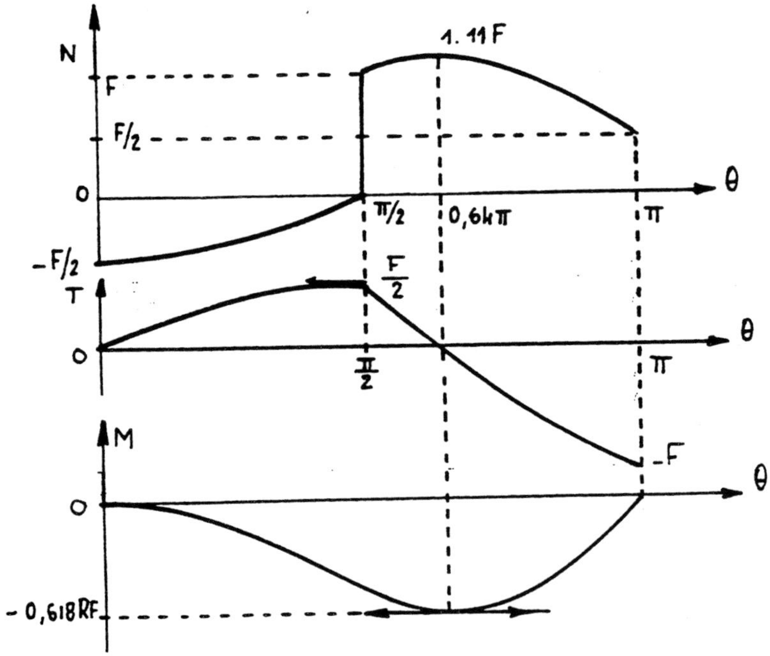

Exercice II.1.10 : PORTIQUE PLAN : VISSEUR ET DIAGRAMMES

On considère un portique constitué de trois barres AB, BC, CD assemblées entre elles par soudure. L'extrémité A est articulée, l'extrémité D est simplement appuyée sur un plan horizontal.

Cette structure est soumise à l'action d'une charge uniformément répartie d'intensité q sur le montant AB. Pour décrire la poutre on considère le point A comme origine des abscisses curvilignes. Les repères locaux considérés sont indiqués sur la figure.

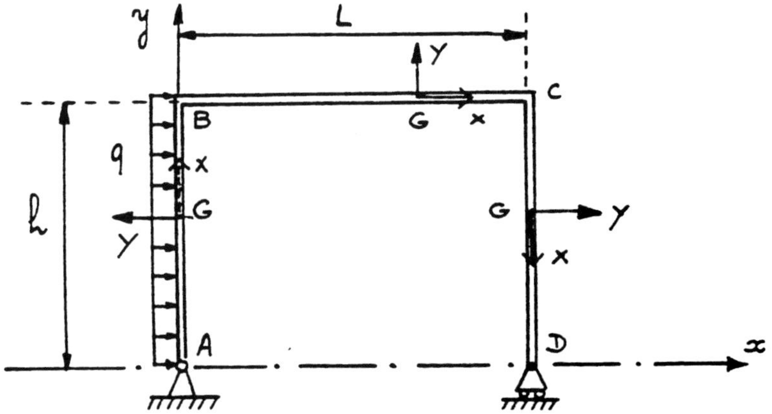

On s'intéresse uniquement au problème plan.

1) Déterminer les réactions
2) Déterminer en toute section droite les composantes N , T_y , M_z du visseur. Tracer les diagrammes correspondants.

- <u>SOLUTION PROPOSEE</u> -

1/

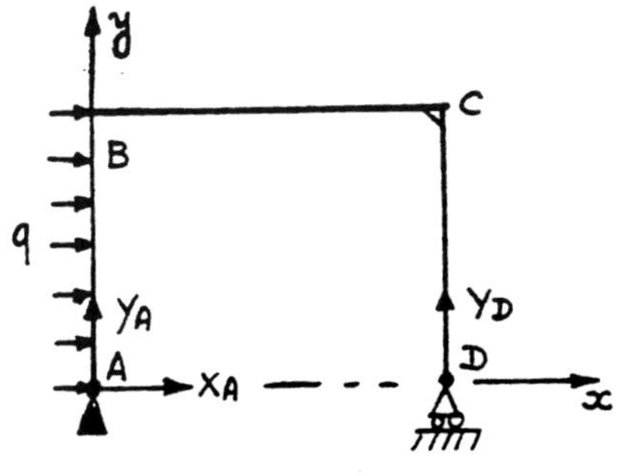

L'équilibre global du portique s'écrit :

$$X_A + qh = 0$$

$$Y_A + Y_D = 0$$

$$Y_D \ell - q\frac{h^2}{2} = 0$$

d'où : $X_A = -qh$ $\quad Y_D = \dfrac{qh^2}{2\ell}$ $\quad Y_A = -\dfrac{qh^2}{2\ell}$

2/ Composantes du visseur

	N	$T = T_y$	$M = M_z$
AB	$\frac{qh^2}{2\ell}$	$-q\,(h-y)$	$q\,hy - q\,y^2/_2$
BC	0	$\frac{qh^2}{2\ell}$	$\frac{qh^2}{2\ell}\,(\ell - x)$
CD	$-\,\frac{qh^2}{2\ell}$	0	0

Diagrammes :

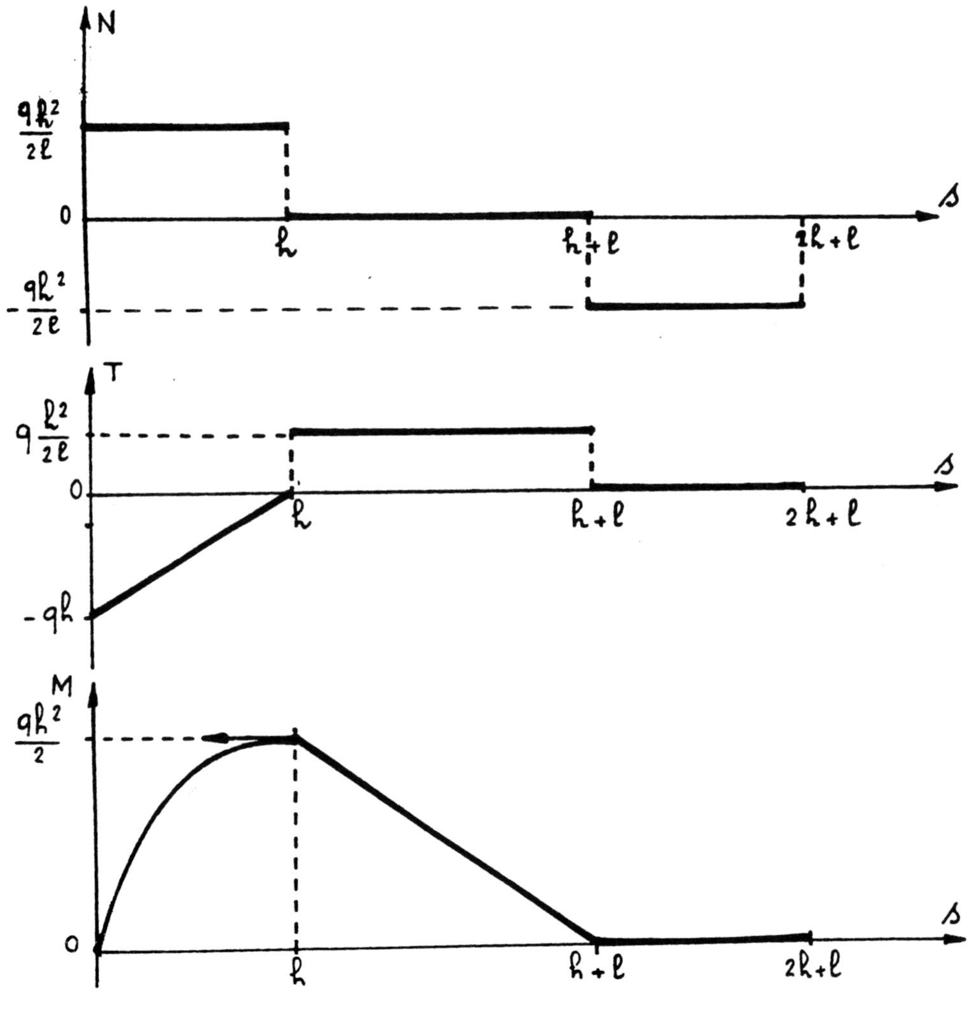

Exercice II.1.11 : CALCUL DES COMPOSANTES DU VISSEUR

On considère un ressort hélicoïdal dont la ligne moyenne possède les caractéristiques géométriques ci-après :

- représentation paramétrique :

$$G \begin{cases} x = R\cos\theta \\ y = R\sin\theta \\ z = \alpha R\theta \end{cases}$$

dans le repère $\{0, x\, y\, z\}$ donné sur la figure,

- R rayon du cylindre circulaire porteur de l'hélice,
- α, pas réduit de l'hélice.

Ce ressort est lié à l'extérieur en O par une rotule et soumis en O' à une force $\vec{F}$ de composantes :

$$\vec{F} \begin{cases} 0 \\ 0 \\ F \end{cases}, \; F > 0.$$

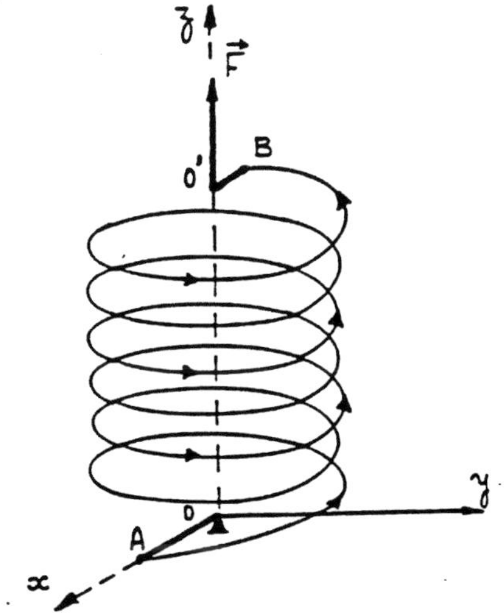

On demande de calculer les composantes du visseur sur toute section droite de cette poutre, dans le repère de Frenet.

- SOLUTION PROPOSEE -

Les composantes des vecteurs de base du repère de Frenet sont :

$$\vec{t} \begin{cases} \dfrac{-\sin\theta}{\sqrt{1+\alpha^2}} \\ \dfrac{\cos\theta}{\sqrt{1+\alpha^2}} \\ \dfrac{\alpha}{\sqrt{1+\alpha^2}} \end{cases} \qquad \vec{n} \begin{cases} -\cos\theta \\ -\sin\theta \\ 0 \end{cases} \qquad \vec{b} \begin{cases} \dfrac{\alpha\sin\theta}{\sqrt{1+\alpha^2}} \\ \dfrac{-\alpha\cos\theta}{\sqrt{1+\alpha^2}} \\ \dfrac{1}{\sqrt{1+\alpha^2}} \end{cases}$$

Les composantes du visseur sont :

$$\begin{cases} N = \vec{t}\cdot\vec{R} \\ T_n = \vec{n}\cdot\vec{R} \\ T_b = \vec{b}\cdot\vec{R} \end{cases} \qquad \begin{cases} M_x = \vec{t}\cdot\widehat{M} \\ M_n = \vec{n}\cdot\widehat{M} \\ M_b = \vec{b}\cdot\widehat{M} \end{cases}$$

$\vec{R}$ et $\widehat{M}$ étant la résultante et le moment résultant en G des forces d'aval :

$$\vec{R} = \vec{F}$$

$$\widehat{M} = \vec{GO'} \wedge \vec{F} \; : \begin{cases} -FR\sin\theta \\ FR\cos\theta \\ 0 \end{cases}$$

D'où

$$N = \frac{\alpha F}{\sqrt{1+\alpha^2}} \qquad T_n = 0 \qquad T_b = \frac{F}{\sqrt{1+\alpha^2}}$$

$$M_x = \frac{F_R}{\sqrt{1+\alpha^2}} \qquad M_n = 0 \qquad M_b = \frac{-FR\alpha}{\sqrt{1+\alpha^2}}$$

On vérifie aisément que ces composantes satisfont aux équations de l'équilibre des poutres.

CHAPITRE II

EFFORT NORMAL

Exercice II.2.1 : POUTRE DROITE ISOSTATIQUE

On considère un cable, AC , vertical, suspendu en A à un bâti.

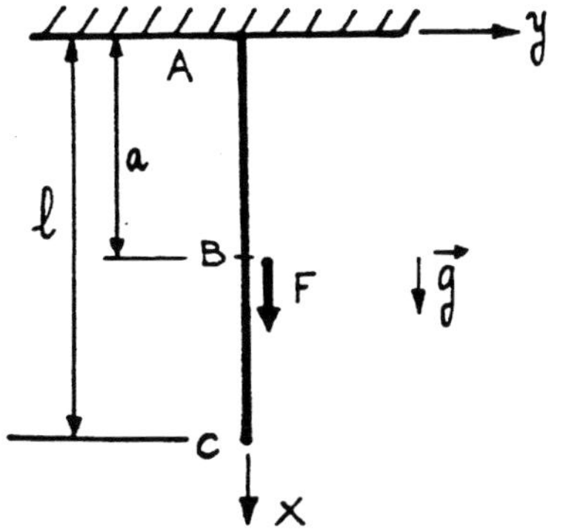

Ce cable, cylindrique de section droite S est réalisé dans un matériau élastique (module de Young E , masse volumique ρ).
Au point B il s'exerce une force verticale descendante de module F; soit $\vec{g}$ le champ de pesanteur terrestre. Déterminer pour toute section droite de ce cable la valeur de l'effort normal N.

Trouver l'allongement total.

- <u>SOLUTION PROPOSEE</u> -

L'effort normal vaut :

- Pour $x > a$: $N = \rho g S (\ell - x)$

- Pour $x < a$: $N = \rho g S (\ell - x) + F$

L'allongement total $\Delta \ell$ vaut :

$$\delta L = \int_0^a \varepsilon_x \, dx + \int_a^\ell \varepsilon_x \, dx \qquad \text{avec} \quad \varepsilon_x = \frac{N}{ES}$$

$$\delta L = \frac{1}{E} \left[\rho g \frac{\ell^2}{2} + \frac{F}{S} a \right]$$

Exercice II.2.2 : POUTRE DROITE HYPERSTATIQUE

On considère une poutre rectiligne, pesante, soumise en un point C de sa ligne moyenne AB à une force axiale $\vec{F}$, encastrée à ses deux extrémités et positionnée verticalement comme le montre la figure ci-après.

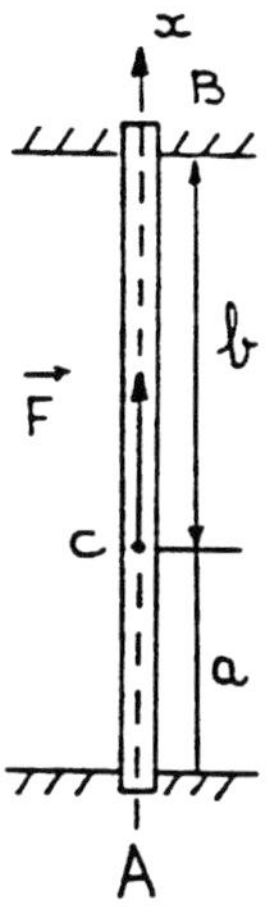

p : intensité du poids linéique de la poutre

$$\vec{F} \cdot\cdot \begin{cases} F \\ 0 \end{cases}$$

$$\ell = a + b$$

On demande de déterminer la nature de cette structure (hyper ou isostatique), la valeur des composantes des réactions de liaison en A et B , la valeur des composantes du visseur sur toute section droite ainsi que de tracer les diagrammes des variations de ces composantes.

- SOLUTION PROPOSEE -

Les actions exercées sur la poutre (AB) se réduisant à des efforts purement axiaux, les seules composantes non nulles des réactions de liaison en A et B sont X_A et X_B .

La seule équation d'équilibre non identiquement nulle est

$$X_A + X_B + F - p\ell = 0$$

La structure constituée par la poutre (AB) sous son chargement est donc hyperstatique de degré 1.

La résolution de ce système peut être conduite en appliquant le théorème de Ménabréa, X_B étant choisi comme inconnue hyperstatique. Soit :

$$\frac{\partial \mathcal{W}(F, p, X_B)}{\partial X_B} = 0$$

avec :

$$\mathcal{W}(F, p, X_B) = \frac{1}{2}\int_0^{\ell} \frac{N^2}{ES}\,dx$$

et,

$$N = X_B - p(\ell - x) \quad \text{si} \quad a < x < \ell$$

$$N = X_B - p(\ell - x) + F \quad \text{si } 0 < x < a$$

D'où :

$$\mathcal{W}(F, p, X_B) = \frac{1}{2}\int_0^{a} \left(X_B - p(\ell - x) + F\right)^2 \frac{dx}{ES} + \frac{1}{2}\int_a^{a+b} \left(X_B - p(\ell - x)\right)^2 \frac{dx}{ES}$$

Le théorème de Ménabréa donne, en dérivant sous le signe $\int$:

$$\int_0^{a} N \frac{\partial N}{\partial X_B}\frac{dx}{ES} + \int_a^{a+b} N \frac{\partial N}{\partial X_B}\frac{dx}{ES} = 0$$

Soit :

$$X_B = \frac{p\ell}{2} - \frac{Fa}{a+b} \quad \text{et} \quad X_A = \frac{p\ell}{2} - \frac{Fb}{a+b}$$

D'où, tous calculs faits :

$$X_B = \frac{p\ell}{2} - \frac{Fa}{a+b} \quad \text{et} \quad X_A = \frac{p\ell}{2} - \frac{Fb}{a+b}$$

On en déduit :

$$a < x < a+b \longrightarrow N = -\frac{Fa}{a+b} + p\left(x - \frac{a+b}{2}\right)$$

$$0 < x < a \longrightarrow N = \frac{Fb}{a+b} + p\left(x - \frac{a+b}{2}\right)$$

D'où le diagramme ci-après.

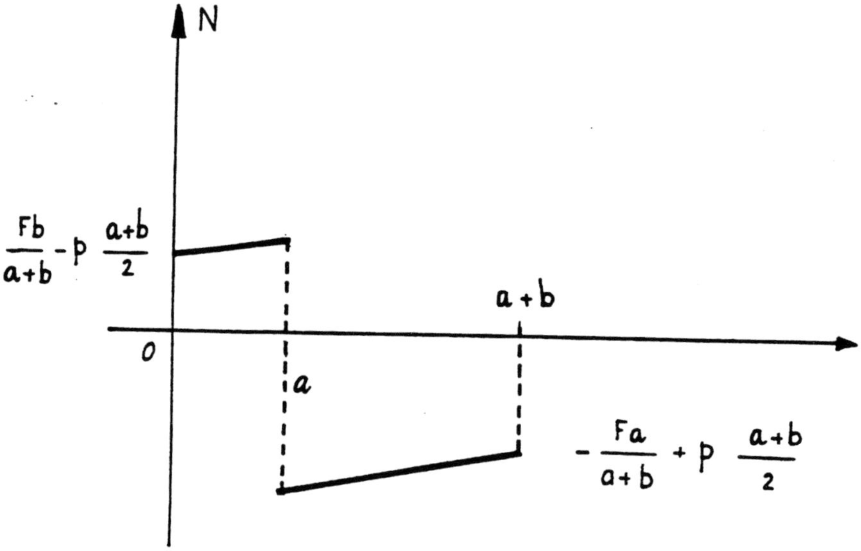

Exercice II.2.3 : POUTRE DROITE HYPERSTATIQUE

On considère une roue tournant à vitesse uniforme ω . Le moyeu et la jante de cette roue sont supposés indéformables.

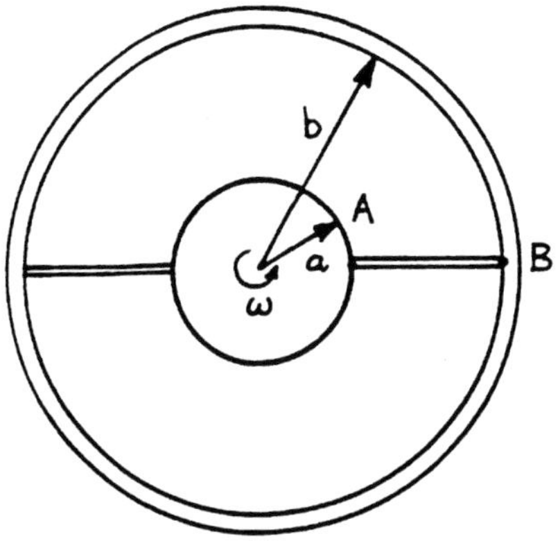

Les rayons sont des cylindres de section droite S , réalisés en matériau élastique (module de Young E , masse volumique ρ).

Nous supposerons que ces rayons travaillent uniquement en traction ou compression.

Déterminer la valeur de l'effort normal N sur la section droite d'un rayon.

On a n rayons identiques régulièrement espacés.

- SOLUTION PROPOSEE -

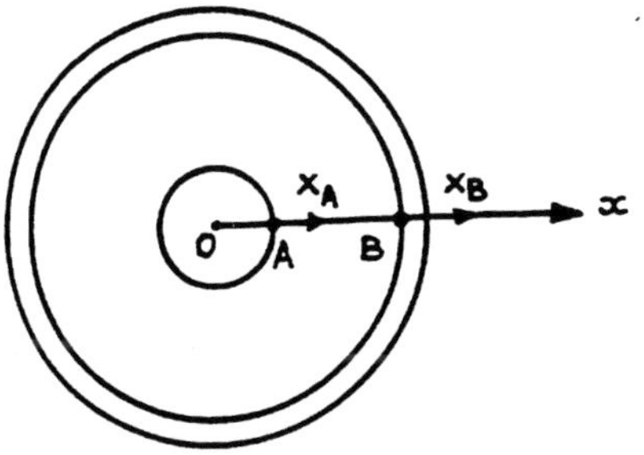

Il existe en A et B deux réactions ayant pour composantes non nulles : X_A , X_B .

L'équation d'équilibre s'écrit :

$$X_A + X_B + \int_a^b \rho\, \omega^2 S\, x\, dx = 0$$

Le système est hyperstatique d'ordre 1.

Nous prendrons X_B pour inconnue hyperstatique.

L'effort normal N vaut :

$$N = X_B + \int_x^b \rho\, \omega^2 S\, \xi . d\xi = X_B + \frac{\rho S \omega^2}{2} (b^2 - x^2)$$

Nous déterminons X_B en écrivant que le rayon AB garde la même longueur.

$$\int_a^b \varepsilon_x\, dx = 0 \quad \Rightarrow \quad \int_a^b \frac{N}{ES}\, dx = 0$$

On trouve :

$$X_B = -\frac{\rho\omega^2 S}{6}(2b^2 - ab - a^2)$$

$$X_A = \frac{\rho\omega^2 S}{6}(2a^2 - ab - b^2)$$

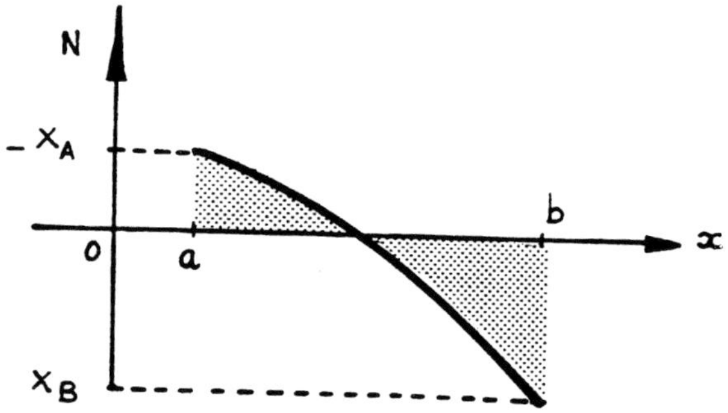

et

$$N = \frac{\rho S\omega^2}{6}(a^2 + ab + b^2 - 3x^2)$$

Exercice II.2.4 : POUTRE DROITE DE SECTION EVOLUTIVE

Calculer l'énergie potentielle de déformation élastique emmagasinée dans une éprouvette légèrement tronconique de révolution sollicitée en traction pure, comme le représente la figure ci-après.
(forces $\vec{F}$ et $-\vec{F}$ uniformément réparties sur S_0 et S_1).

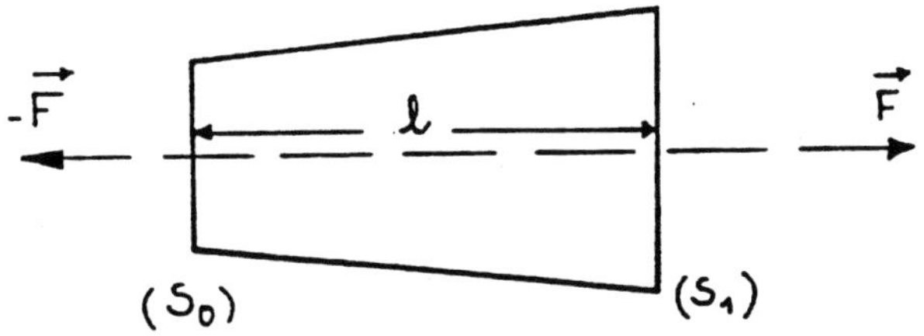

(E module d'Young)

- SOLUTION PROPOSEE -

L'éprouvette est un équilibre sous l'effet des forces de traction $\vec{F}$ et $-\vec{F}$ appliquées aux deux sections extrêmes.

Le visseur se réduit sur toute section droite à un effort normal pur N ,

$$N = F$$

Les tenseurs contrainte et déformation s'expriment dans le repère (x, r, θ) par :

$$[\Sigma] = \begin{bmatrix} \frac{N}{S} & 0 & 0 \\ 0 & 0 & 0 \\ 0 & 0 & 0 \end{bmatrix}$$

$$[\mathcal{E}] = \begin{bmatrix} \frac{N}{ES} & 0 & 0 \\ 0 & -\frac{\nu N}{ES} & 0 \\ 0 & 0 & -\frac{\nu N}{ES} \end{bmatrix}$$

S aire de section droite à l'abscisse x considérée, E et ν coefficients d'élasticité du matériau constitutif de l'éprouvette.

On en déduit :

$$\frac{dW}{dv} = \frac{1}{2} \, tr \left(\Sigma \quad \mathcal{E} \right) = \frac{1}{2} \cdot \frac{N^2}{ES^2}$$

D'où :

$$W = \frac{1}{2} \iiint_{(v)} \frac{N^2}{ES^2} dv$$

avec $dv = dx . dS$

Soit :

$$W = \frac{1}{2} \int_0^{\ell} \frac{N^2}{ES} dx$$

$$S = \pi \left(R_0 + \frac{R_1 - R_0}{\ell} x \right)^2, \quad N = F$$

R_0 , R_1 rayons des sections droites extrêmes (S_0) et (S_1). Il en résulte :

$$W = \frac{F^2 \ell}{2\pi E \, R_1 R_0} = \frac{F^2 \ell}{2 E \sqrt{S_0 S_1}}$$

S_0 et S_1 étant les aires des sections droites extrêmes.

Exercice II.2.5 : ANNEAU CIRCULAIRE SOUS PRESSION

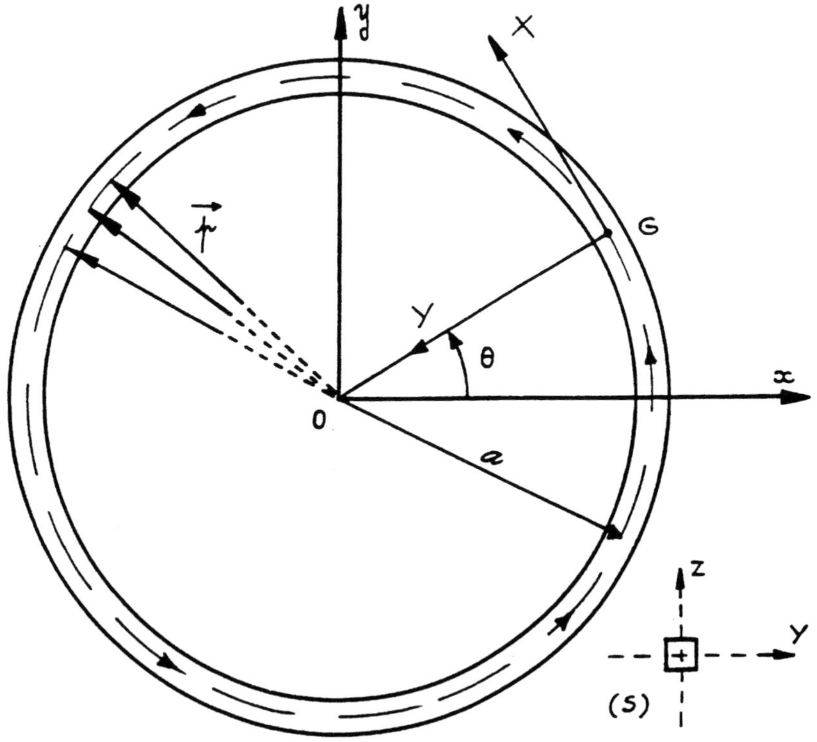

Anneau circulaire - Rayon moyen a - Section droite carrée de côté c ($c \ll a$). Caractéristiques E , ν . Plan moyen (xoy). Axes principaux X, Y, Z (unitaires $\vec{t}$, $\vec{n}$, $\vec{b}$).

Chargement : une force radiale centrifuge uniformément répartie, d'intensité p par unité de longueur de la ligne moyenne.

1) Montrer que le visseur se réduit à l'effort normal.
2) Calculer cet effort normal.
3) Calculer la variation δa du rayon moyen

- <u>SOLUTION PROPOSEE</u> -

Les paramètres étant indépendants de θ , on a pour équations d'équilibre local : $T = 0$, $N = pa$, $M = cte$

Un arc quelconque de cet anneau se trouve exactement dans le cas de la voute circulaire de l'exemple 3, tome II, Chapitre II, § V : le moment fléchissant est nul.

L'allongement relatif de la fibre moyenne est :

$$\varepsilon_x = \frac{\delta(2\pi a)}{2\pi a} = \frac{\delta a}{a} = \frac{N}{ES} = \frac{p a}{ES}$$

d'où :

$$\delta a = \frac{p a^2}{ES}$$

Exercice II.2.6 : JEU DE LA CORDE TENDUE

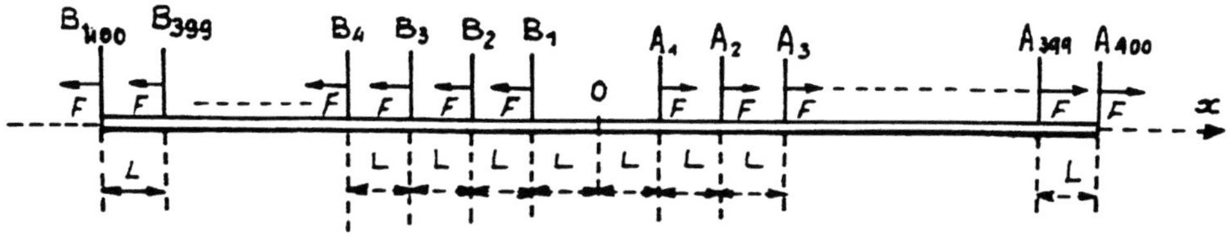

On dispose d'une corde de longueur 400 m, de section constante S (à déterminer), réalisée en un matériau de module d'Young $E = 60GPa$ ayant une contrainte de rupture en traction $\sigma_{RT} = 10^9$ Pa.

Cette corde est tendue par deux équipes concurrentes de 400 personnes chacune; on suppose que les joueurs sont répartis tous les $L = 50$ cm et appliquent chacun un effort $F = 500$ Newton. La corde est supposée rester rectiligne.

1) Remplacer ce chargement discontinu par un chargement continu "équivalent" et calculer la section de rupture S_R.

2) Trouver l'allongement de la corde pour $S = S_R$

3) Trouver la tension maximale N_0

4) Trouver l'énergie de déformation emmagasinée, pour $S = S_R$

- <u>SOLUTION PROPOSEE</u> -

1) Entre $x = 0$ et $x = L = 0,5$ m, la tension du cable est maximale et vaut $N_0 = 400.500$ Newton $= 2.10^5$ Newton

Entre $x = L = 0,5$m et $x = 2L = 1$m, la tension vaut $N = (2.10^5 - 500)$ Newton ... etc. La fonction $N(x)$ est donc une fonction en escalier (à marches identiques).

A l'extrêmité, pour $x = 200$ m, cette tension vaut $F = 500$ $\mathcal{N}$.

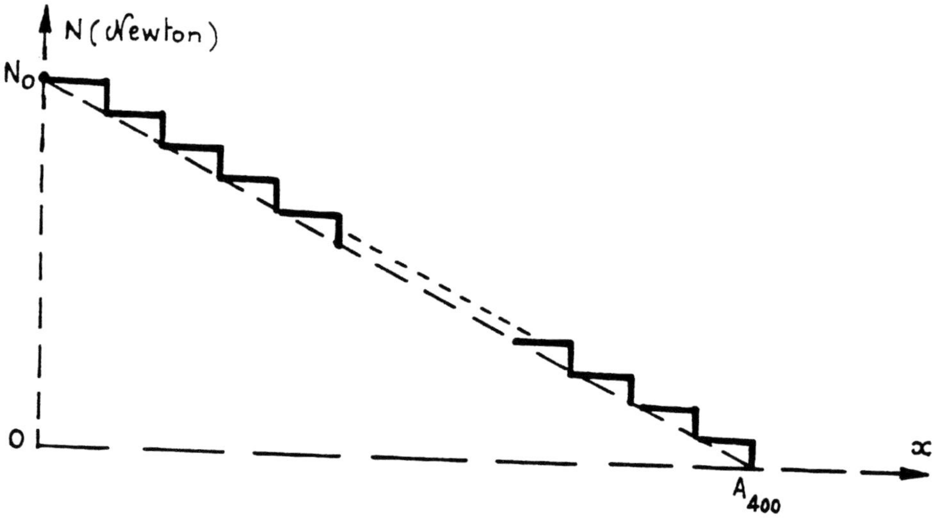

1) Convenons de la remplacer par la fonction continue "équivalente" :
$N = 200\ (1 - \frac{x}{\ell})$ kN où $\ell = 200$.

On a $\sigma_R = \frac{N_0}{S_R} \Longrightarrow S_R = \frac{200\ \text{kN}}{10^9\ \text{Pa}} = 2.10^{-4}\ m^2 = 200\text{mm}^2$

ce qui correspond à un diamètre de 15,96 mm $\simeq$ 16 mm .

2) L'allongement subi par un élément (dx) de corde est:

$$\delta(dx) = \varepsilon\, dx = \frac{\sigma}{E}\, dx = \frac{N}{ES}\, dx$$

On en déduit

$$\Delta\ell = 2\int_0^{\ell} \delta(dx) = \frac{400\text{kN}}{ES}\int_0^{\ell}\left(1 - \frac{x}{\ell}\right)dx$$

$$(\Delta\ell)_R = 1{,}67\,\text{m}$$

3) $N_0 = N_{max} = 200$ kN

4)

$$\frac{dW}{dx} = \frac{1}{2}\,\frac{N^2}{ES} \Longrightarrow W = 2.\ \frac{1}{2}\cdot\frac{(200.10^3)^2}{ES}\int_0^{\ell}\left(1 - \frac{x}{\ell}\right)^2 dx$$

On trouve W = 444,44 Joules

Exercice II.2.7 : EFFORT NORMAL INDUIT PAR DES FORCES CENTRIFUGES

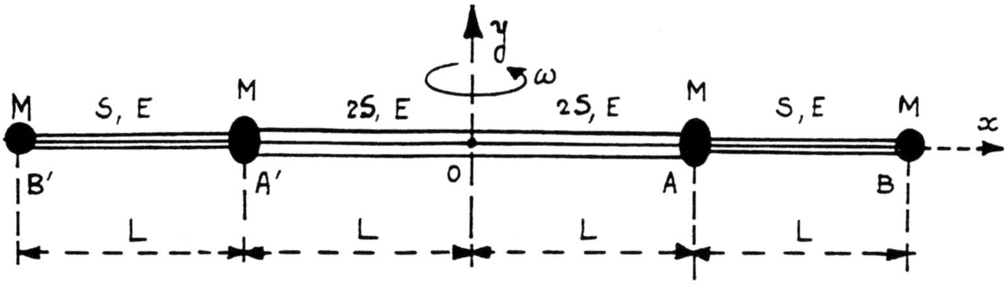

Une poutre rectiligne de longueur $4L$ comporte 3 parties prismatiques :

- la partie centrale $A'A$, de longueur $2L$, de section $2S$, de module d'Young E, de masse volumique ρ.

- les parties externes, de longueur L, de section S, de module d'Young E, de masse volumique ρ.

Sur cette poutre, sont disposées 4 masses ponctuelles M, en A, B, A' et B'.

La poutre tourne autour de son axe de symétrie Oy avec une vitesse angulaire élevée ω (rad/s), ce qui induit un champ de forces centrifuges.

1) Calculer l'effort normal $N(x)$ pour $0<x<L$ et $L<x<2L$
2) Tracer le diagramme d'effort normal pour $-2L<x<2L$
3) Calculer l'allongement subi par chacune des 3 poutres
4) Calculer les déplacements des extrémités B et B'

- SOLUTION PROPOSEE -

1) $0<x<L$: $N = \left[3LM + \frac{5}{2}\rho S L^2 - \rho S x^2\right]\omega^2$

$L<x<2L$: $N = \left[2ML + 2\rho S L^2 - \frac{1}{2}\rho S x^2\right]\omega^2$

$$\Rightarrow \quad N(0) = \left(3LM + \frac{5}{2}\rho S L^2\right)\omega^2 = N_0$$

$$N(L-0) = \left(3LM + \frac{3}{2}\rho S L^2\right)\omega^2 = N_1$$

$$N(L+0) = \left(2LM + \frac{3}{2}\rho S L^2\right)\omega^2 = N_2$$

$$N(2L-0) = 2ML\omega^2 = N_3$$

2) diagramme

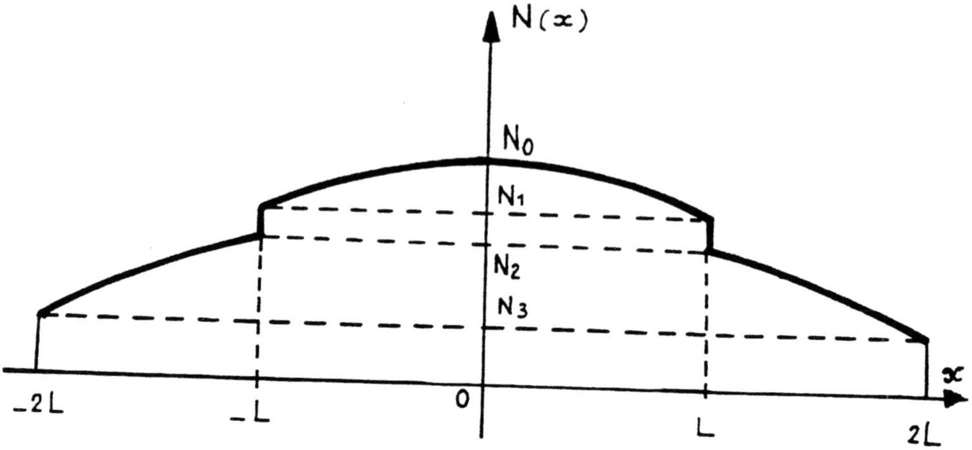

3) allongements :

On a l'allongement d'un élément (dx) de poutre :

$$\delta(dx) = \varepsilon\, dx = \frac{\sigma}{E}\, dx$$

- Pour la poutre centrale :

$$\delta(dx) = \frac{N(x)}{2ES}\, dx$$

$$\delta(AA') = \not{2}\,\frac{1}{\not{2}ES}\int_0^L N(x)\, dx = \frac{\omega^2 L^2}{ES}\left(3M + \frac{13}{6}\rho SL\right)$$

$$\delta(AB) = \delta(A'B') = \frac{1}{ES}\int_L^{2L} N(x) dx = \frac{\omega^2 L^2}{ES}\left(2M + \frac{5}{6}\rho SL\right)$$

4) déplacement de B suivant x :

$$u_B = \frac{1}{2}\,\delta(AA') + \delta(AB)$$

$$u_B = \left(\frac{7}{2} M + \frac{23}{12}\rho SL\right)\frac{\omega^2 L^2}{ES}$$

Exercice II.2.8 : TREILLIS PLAN ISOSTATIQUE

On considère le treillis plan défini sur la figure ci-après, soumis au noeud E à l'action d'une force verticale $\vec{F}$ de composantes $(0\ ,\ -F)$, $F > 0$.

En supposant que toutes les barres de ce treillis ont même module d'Young E et même section droite S, calculer les efforts normaux dans les barres et le déplacement v_E du noeud E.

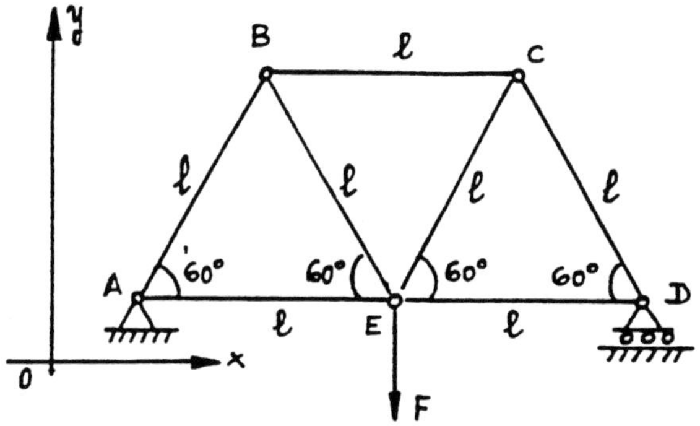

- SOLUTION PROPOSEE -

Le treillis est isostatique extérieurement et intérieurement. On peut écrire, par symétrie :

$$Y_A = Y_D = \frac{F}{2}$$

X_A étant évidemment nul.

Les efforts normaux dans les barres du treillis peuvent être déterminés en écrivant l'équilibre des noeuds A et B seulement et en complétant par symétrie.

Il vient ainsi :

Equilibre du noeud A :

$$\begin{cases} N_{AB}\,\dfrac{1}{2} + N_{AE} = 0 \\ \dfrac{F}{2} + N_{AB}\,\dfrac{\sqrt{3}}{2} = 0 \end{cases} \Rightarrow \begin{cases} N_{AB} = -\dfrac{F}{\sqrt{3}} & \text{(compression)} \\ N_{AE} = \dfrac{F}{2\sqrt{3}} & \text{(traction)} \end{cases}$$

d'où par symétrie : $N_{ED} = \dfrac{F}{2\sqrt{3}}$ (traction) et $N_{CD} = -\dfrac{F}{\sqrt{3}}$ (compression)

Equilibre du noeud B :

$$\begin{cases} N_{AB}\left(-\frac{1}{2}\right) + N_{BE}\left(\frac{1}{2}\right) + N_{BC} = 0 \\ N_{AB}\left(-\frac{\sqrt{3}}{2}\right) + N_{BE}\left(-\frac{\sqrt{3}}{2}\right) = 0 \end{cases} \Rightarrow \begin{cases} N_{BE} = \frac{F}{\sqrt{3}} \quad \text{(traction)} \\ N_{BC} = -\frac{F}{\sqrt{3}} \quad \text{(compression)} \end{cases}$$

d'où par symétrie : $N_{EC} = \frac{F}{\sqrt{3}}$ (traction)

Le calcul du déplacement v_E du point d'application de la force $\vec{F}$ dans le sens de l'axe Oy peut être conduit en appliquant le théorème de Castigliano.

$$v_E = -\frac{dW}{dF}$$

avec :

$$W = \frac{\ell}{2ES}\left(2\,N_{AB}^2 + 2\,N_{AE}^2 + 2\,N_{BE}^2 + N_{BC}^2\right)$$

Soit :

$$W = \frac{F^2\ell}{2ES}\left(\frac{2}{3} + \frac{2}{6} + \frac{2}{3} + \frac{1}{3}\right) = \frac{11}{6} \cdot \frac{F^2\ell}{2ES}$$

$$v_E = -\frac{11}{6}\,\frac{F\ell}{ES}$$

L'affaissement du noeud E est, lui, égal à ΔE :

$$\Delta E = -v_E = \frac{11}{6} \cdot \frac{F\ell}{ES}$$

Exercice II.2.9 : TREILLIS PLAN HYPERSTATIQUE

On considère le treillis plan représenté sur la figure ci-dessous. toutes les barres ont même section S et sont réalisées dans le même matériau de module de Young E . Les liaisons du treillis au bâti sont réalisées en C par une rotule, en B par un appui simple à plan d'appui horizontal. Il s'exerce en D une force $\vec{F}$ de module $\lambda\sqrt{2}$ et orientée comme il est indiqué sur la figure.

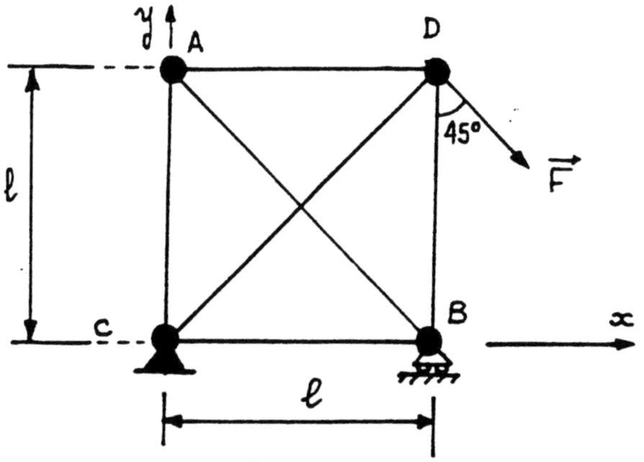

1) Quels sont les ordres intérieur et extérieur d'hyperstaticité.

2) Déterminer l'effort normal dans chaque barre.

- SOLUTION PROPOSEE -

1) Le système est isostatique extérieurement, hyperstatique d'ordre 1 intérieurement.

2) Les réactions en C et D sont représentées sur la figure ci-dessous.

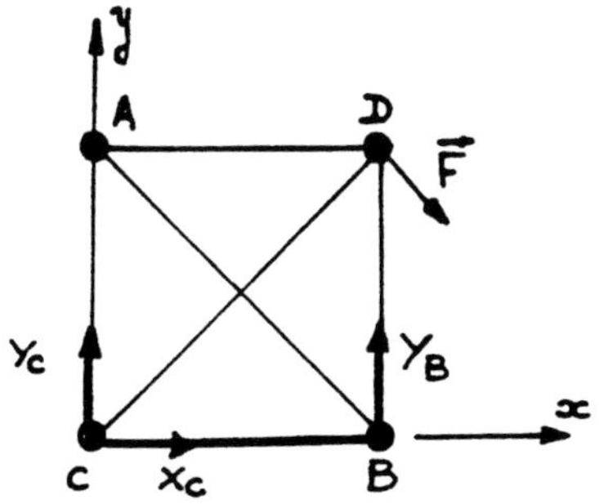

Les équations d'équilibre s'écrivent :

$$\begin{cases} Y_C + Y_B - \lambda = 0 \\ X_C + \lambda = 0 \\ \lambda_B \ell - 2\lambda\ell = 0 \end{cases} \Rightarrow \begin{cases} X_C = -\lambda \\ Y_B = 2\lambda \\ Y_C = -\lambda \end{cases}$$

Nous appelons N_{AB} l'effort normal dans la barre AB.

Nous prenons N_{AB} comme inconnue hyperstatique.

Ecrivons l'équilibre des noeuds :

noeud A :

$$\begin{cases} N_{AD} + N_{AB}\dfrac{\sqrt{2}}{2} = 0 \\ N_{AC} + N_{AB}\dfrac{\sqrt{2}}{2} = 0 \end{cases} \Rightarrow \begin{cases} N_{AD} = -N_{AB}\dfrac{\sqrt{2}}{2} \\ N_{AC} = -N_{AB}\dfrac{\sqrt{2}}{2} \end{cases}$$

noeud B :

$$\begin{cases} N_{BD} + N_{AB}\dfrac{\sqrt{2}}{2} + Y_B = 0 \\ N_{CB} + N_{AB}\dfrac{\sqrt{2}}{2} = 0 \end{cases} \Rightarrow \begin{cases} N_{BD} = -2\lambda - N_{AB}\dfrac{\sqrt{2}}{2} \\ N_{CB} = -N_{AB}\dfrac{\sqrt{2}}{2} \end{cases}$$

noeud C :

$$\begin{cases} N_{CB} + N_{CD}\dfrac{\sqrt{2}}{2} + X_C = 0 \\ N_{CD}\dfrac{\sqrt{2}}{2} + N_{CA} + Y_C = 0 \end{cases} \Rightarrow N_{CD} = N_{AB} + \lambda\sqrt{2}$$

On détermine N_{AB} en utilisant le théorème de Ménabrea :

$$\frac{\partial W}{\partial N_{AB}} = 0 \quad \text{avec} \quad W = \frac{\ell}{2ES}\left[N_{AD}^2 + N_{DB}^2 + N_{CB}^2 + N_{AC}^2 + N_{CD}^2\sqrt{2} + N_{AB}^2\sqrt{2}\right]$$

Soit :

$$N_{AB} = -\frac{2+\sqrt{2}}{2(1+\sqrt{2})}\lambda = -\frac{\sqrt{2}}{2}\lambda = -\frac{F}{2}$$

Exercice II.2.10 : ETUDE D'UN SYSTEME PLAN DE BARRES

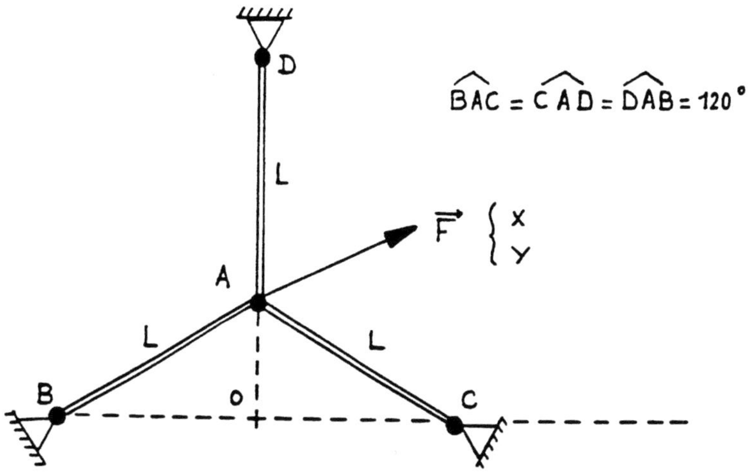

Calculer les efforts normaux dans les barres et les composantes u et v du déplacement de A .

- SOLUTION PROPOSEE -

Les réactions d'appuis sont dirigées suivant les barres et sont égales aux efforts normaux dans celles-ci.

L'équilibre du noeud A s'écrit :

$$\begin{cases} -N_{AD} + \frac{1}{2} N_{AB} + \frac{1}{2} N_{AC} = Y \\ \frac{\sqrt{3}}{2} (N_{AB} - N_{AC}) = X \end{cases}$$

Posons $N_{AD} = N$

L'énergie potentielle élastique emmagasinée a pour expression :

$$\mathcal{W} = \frac{L}{2ES} \left[N^2 + \left(Y + N + \frac{\sqrt{3}}{3} X \right)^2 + \left(Y + N - \frac{\sqrt{3}}{3} X \right)^2 \right]$$

Le théorème de Ménabrea donne :

$$\frac{\partial \mathcal{W}}{\partial N} = 0 \qquad \text{soit} \qquad N = -\frac{2}{3} Y$$

d'où :

$$\begin{cases} N_{AB} = \frac{1}{3} \left(Y + \sqrt{3}\, X \right) \\ N_{AC} = \frac{1}{3} \left(Y - \sqrt{3}\, X \right) \\ N_{AD} = -\frac{2}{3} Y \end{cases}$$

Le théorème de Castigliano donne enfin :

$$\begin{cases} u = \dfrac{\partial W}{\partial X} = \dfrac{2}{3} \dfrac{LX}{ES} \\[2ex] v = \dfrac{\partial W}{\partial Y} = \dfrac{2}{3} \dfrac{LY}{ES} \end{cases}$$

Exercice II.2.11 : CALCUL D'UN TREILLIS PLAN

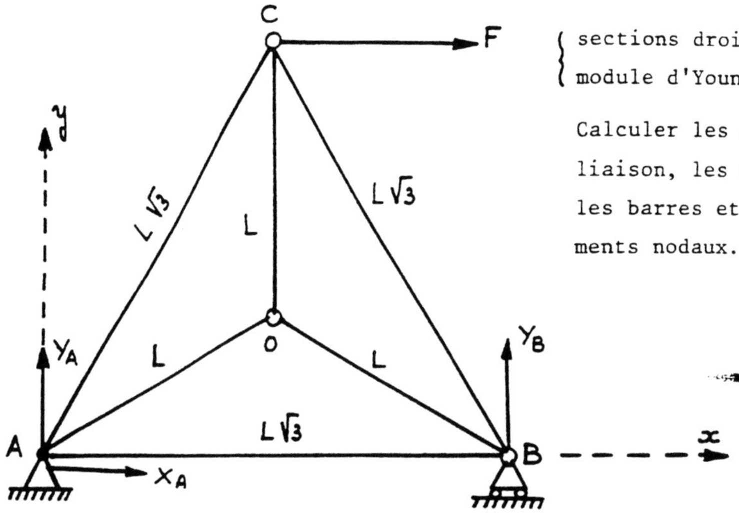

{ sections droites S
{ module d'Young E

Calculer les efforts de liaison, les efforts dans les barres et les déplacements nodaux.

- SOLUTION PROPOSEE -

Equilibre global :

$$\begin{cases} X_A + F = 0 \\ 2\sqrt{3}\, Y_B = 3F \end{cases} \qquad Y_A + Y_B = 0$$

d'où :

$$X_A = -F \quad \text{et} \quad Y_A = -Y_B = -\frac{\sqrt{3}}{2} F$$

Equilibre des noeuds :

$$A \begin{cases} 2N_{AB} + \sqrt{3}\, N_{AO} + N_{AC} = 2F \\ N_{AO} + \sqrt{3}\, N_{AC} = \sqrt{3} F \end{cases} \qquad B \begin{cases} 2N_{AB} + \sqrt{3}\, N_{OB} + N_{BC} = 0 \\ N_{OB} + \sqrt{3}\, N_{BC} + \sqrt{3} F = 0 \end{cases}$$

$$C \begin{cases} N_{AC} - N_{BC} = 2F \\ \sqrt{3}\,(N_{AC} + N_{BC}) + 2N_{OC} = 0 \end{cases} \qquad O \begin{cases} N_{OA} - N_{OB} = 0 \\ N_{OA} + N_{OB} - 2N_{OC} = 0 \end{cases}$$

Equations aux déplacements nodaux :

$$(AB) : u_B = \sqrt{3}\, N_{AB} \frac{L}{ES} \qquad (AO) : \sqrt{3}\, u_0 + v_0 = 2\, N_{OA} \frac{L}{ES}$$

$$(AC) : u_C + \sqrt{3}\, v_C = 2\sqrt{3}\, N_{AC} \frac{L}{ES} \qquad (OB) : \sqrt{3}(u_B - u_0) + v_0 = 2\, N_{OB} \frac{L}{ES}$$

$$(OC) : v_C - v_0 = N_{OC} \frac{L}{ES} \qquad (BC) : u_B - u_C + \sqrt{3}\, v_C = 2\sqrt{3}\, N_B \frac{L}{ES}$$

Le treillis est intérieurement hyperstatique de degré 1.

La résolution du système d'équations ci-dessus donne :

$$N_{AB} = \frac{7-\sqrt{3}}{12} F \; ; \quad N_{AC} = \frac{13-\sqrt{3}}{12} F \; ; \quad N_{OA} = \frac{3-\sqrt{3}}{12} F$$

$$N_{BC} = -\frac{11+\sqrt{3}}{12} F \; ; \quad N_{OB} = \frac{3-\sqrt{3}}{12} F \; ; \quad N_{OC} = \frac{3-\sqrt{3}}{12} F$$

$$u_B = \frac{7\sqrt{3}-3}{12} \frac{FL}{ES} \; ; \quad u_0 = \frac{7\sqrt{3}-3}{24} \frac{FL}{ES}$$

$$v_0 = \frac{-(9+\sqrt{3})}{24} \frac{FL}{ES} \; ; \quad u_C = \frac{55\sqrt{3}-129}{24} \frac{FL}{ES}$$

$$v_C = -\frac{1+\sqrt{3}}{8} \frac{FL}{ES}$$

Exercice II.2.12 : TREILLIS PLAN ISOSTATIQUE

On considère le treillis plan représenté sur la figure ci-dessous. Toutes les barres sont réalisées dans le même matériau de module de Young E et ont la même section droite de surface S . La liaison du treillis au bâti est effectuée en A par une rotule, en D par un appui simple à plan d'appui vertical. Il s'exerce en B et C deux forces verticales ascendantes de module respectif P et F .

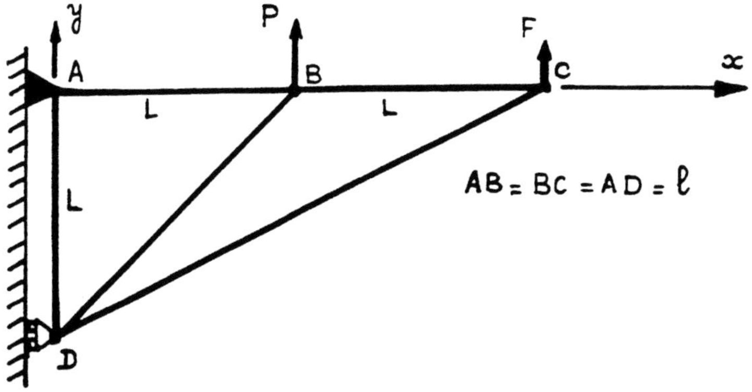

1) Quels sont les ordres intérieur et extérieur d'hyperstaticité.

2) Déterminer
   - l'effort normal dans les 5 barres
   - le déplacement vertical du point B .

- SOLUTION PROPOSEE -

1) Le système est intérieurement et extérieurement isostatique
2) Nous appelons N_{AB} l'effort normal dans la barre AB .

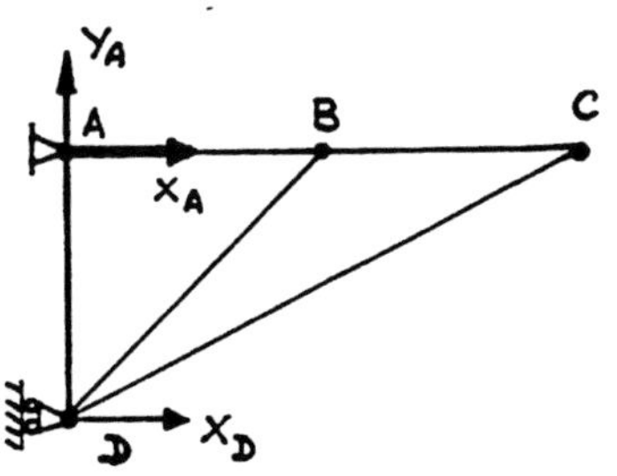

Il s'exerce en A une réaction ayant pour composantes non nulles X_A , Y_A ; en D une réaction ayant pour seule composante non nulle X_D .

Les équations d'équilibre s'écrivent :

$X_A + X_D = 0$

$Y_A + P + F = 0$

$X_D \ell + P\ell + 2F\ell = 0$

soit : $Y_A = -(P+F)$ $X_D = -(P+2F)$

$X_A = (P+2F)$

Ecrivons l'équilibre des noeuds :

noeud A :

$$X_A + N_{AB} = 0$$
$$Y_A - N_{AD} = 0$$
$$\Rightarrow \quad N_{AB} = -(P+2F) \qquad N_{AD} = -(P+F)$$

noeud B :

$$N_{BC} - N_{AB} - N_{BD}\frac{\sqrt{2}}{2} = 0$$
$$P - N_{BD}\frac{\sqrt{2}}{2} = 0$$
$$\Rightarrow \quad N_{BC} = -2F \qquad N_{BD} = P\sqrt{2}$$

noeud C :

$$-N_{BC} - N_{CD}\frac{2}{\sqrt{5}} = 0$$
$$F - N_{CD}\frac{1}{\sqrt{5}} = 0$$
$$\Rightarrow \quad N_{CD} = F\sqrt{5}$$

Déplacement vertical v_B du point B.

D'après le théorème de Castigliano : $v_B = \dfrac{\partial W}{\partial P}$

avec :

$$W = \frac{\ell}{2ES}\left[N_{AD}^2 + N_{AB}^2 + N_{BC}^2 + N_{BD}^2\sqrt{2} + N_{DC}^2\sqrt{5}\right]$$

$$v_B = \frac{\ell}{ES}\left[3F + 2P(1+\sqrt{2})\right]$$

Exercice II.2.13 : TREILLIS PLAN HYPERSTATIQUE

Calculer les efforts normaux dans les barres et les déplacements nodaux pour le treillis plan représenté sur la figure.

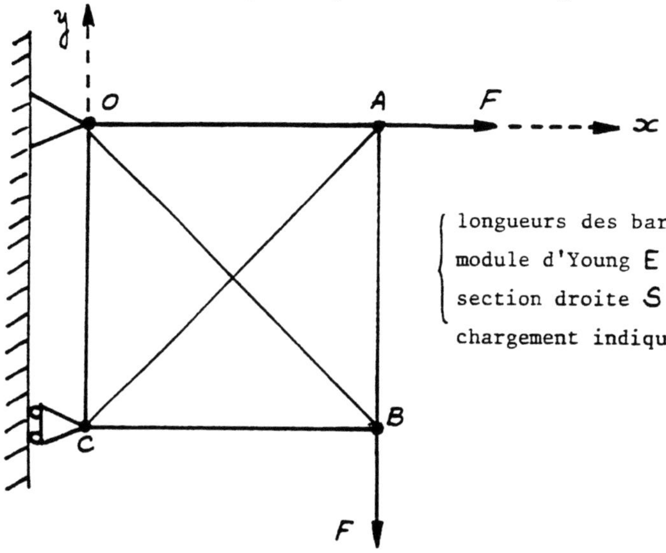

longueurs des barres ℓ ou $\ell\sqrt{2}$
module d'Young E
section droite S
chargement indiqué sur la figure

- SOLUTION PROPOSEE -

- Le système est
  - isostatique extérieurement
  - hyperstatique d'ordre 1 intérieurement

- Equilibre global de la structure :

  - Forces suivant $x'x$: $F + X_0 + X_C = 0$
  - Forces suivant $y'y$: $-F + Y_0 = 0$
  - Moments autour de Oz : $-F.\ell + X_C.\ell = 0$

  On en tire : $X_0 = -2F$, $X_C = F$, $Y_0 = F$,

- Equilibre des noeuds :

$$O \begin{cases} -2F + N_{OA} + \frac{\sqrt{2}}{2} N_{OB} = 0 \\ F - N_{OC} - N_{OB} \frac{\sqrt{2}}{2} = 0 \end{cases} \qquad A \begin{cases} F - N_{OA} - N_{AC} \frac{\sqrt{2}}{2} = 0 \\ N_{AB} + N_{AC} \frac{\sqrt{2}}{2} = 0 \end{cases}$$

$$B \begin{cases} N_{BC} + N_{OB} \frac{\sqrt{2}}{2} = 0 \\ -F + N_{AB} + N_{OB} \frac{\sqrt{2}}{2} = 0 \end{cases} \qquad C \begin{cases} F + N_{BC} + N_{AC} \frac{\sqrt{2}}{2} = 0 \\ N_{OC} + N_{AC} \frac{\sqrt{2}}{2} = 0 \end{cases}$$

- <u>Equations aux déplacements des noeuds</u> :

(OA) $u_A = \dfrac{\ell}{ES} N_{OA}$ (AB) $-(v_B - v_A) = \dfrac{\ell}{ES} N_{AB}$

(CB) $u_B = \dfrac{\ell}{ES}$ (OC) $-v_C = \dfrac{\ell}{ES} N_{OC}$

(OB) $u_B - v_B = 2\dfrac{\ell}{ES} N_{OB}$ (CA) $u_A + (v_A - v_C) = 2\dfrac{\ell}{ES} N_{AC}$

Prenons $N_{OB} = N$ comme inconnue hyperstatique; la résolution des équations d'équilibre donne :

$$N_{OB} = N \ ; \quad N_{OA} = 2F - \frac{\sqrt{2}}{2} N \ ; \quad N_{OC} = F - \frac{\sqrt{2}}{2} N \ ;$$

$$N_{AC} = -F\sqrt{2} + N \ ; \quad N_{AB} = F - \frac{\sqrt{2}}{2} N \ ; \quad N_{BC} = -N\frac{\sqrt{2}}{2}$$

Portant ces valeurs dans les équations aux déplacements des noeuds, nous obtenons :

$$u_A = \frac{\ell}{ES}\left(2F - \frac{\sqrt{2}}{2} N\right) \qquad v_A - v_B = \frac{\ell}{ES}\left(F - N\frac{\sqrt{2}}{2}\right)$$

$$u_B = -\frac{\ell}{ES}\frac{\sqrt{2}}{2} N \qquad v_C = -\frac{\ell}{ES}\left(F - \frac{\sqrt{2}}{2} N\right)$$

$$u_B - v_B = \frac{2\ell}{ES} N \qquad u_A + v_A - v_C = \frac{2\ell}{ES}\left(-F\sqrt{2} + N\right)$$

On tire de ces équations (6 équations à 6 inconnues) :

$$N = F \qquad v_B = -\frac{4+\sqrt{2}}{2}\frac{F\ell}{ES}$$

$$u_A = \frac{4-\sqrt{2}}{2}\frac{F\ell}{ES} \qquad v_A = -\left(1+\sqrt{2}\right)\frac{F\ell}{ES}$$

$$u_B = -\frac{\sqrt{2}}{2}\frac{F\ell}{ES} \qquad v_C = -\frac{2-\sqrt{2}}{2}\frac{F\ell}{ES}$$

D'où, finalement :

$$N_{OA} = \frac{4-\sqrt{2}}{2} F \qquad N_{AB} = \frac{2-\sqrt{2}}{2} F$$

$$N_{OC} = \frac{2-\sqrt{2}}{2} F \qquad N_{BC} = -\frac{\sqrt{2}}{2} F$$

$$N_{AC} = -\left(\sqrt{2} - 1\right) F \qquad N_{OB} = F$$

Exercice II.2.14 : CALCUL D'UN TREILLIS PLAN

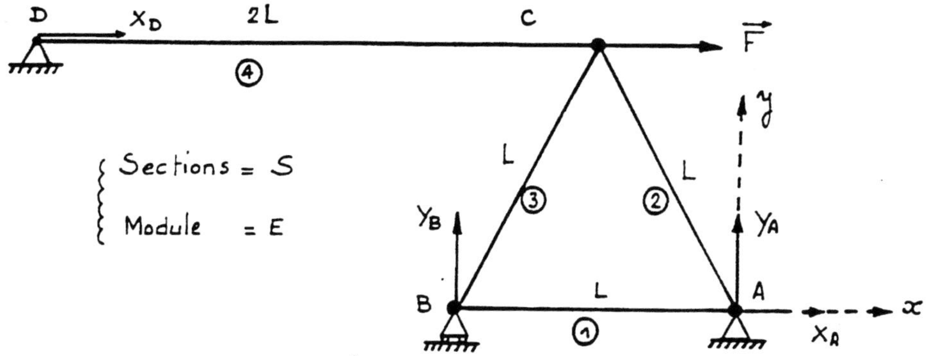

Calculer les réactions de liaisons, les efforts normaux dans les barres, le déplacement de C suivant $x'x$. Le chargement consiste en une force unique $\vec{F}$.

- SOLUTION PROPOSEE -

- Equilibre global $\begin{cases} Y_A + Y_B = 0 \ , \ X_A + X_D = -F \\ 2Y_B + \sqrt{3}\,(F + X_D) = 0 \end{cases}$

La structure est hyperstatique de degré 1; prenons $X_D = X$ comme inconnue hyperstatique ; on a :

$$X_A = -(F+X)\ ;\quad Y_B = -\frac{\sqrt{3}}{2}(F+X)\ ;\quad Y_A = -Y_B = \frac{\sqrt{3}}{2}\,(F+X).$$

- Les équations d'équilibre des noeuds s'écrivent :

$$\left.\begin{array}{l} N_2\sqrt{3} + 2Y_A = 0 \\ -N_2 + 2X_A - 2N_1 = 0 \\ N_3\sqrt{3} + 2Y_B = 0 \\ N_3 + 2N_1 = 0 \\ N_4 + X = 0 \end{array}\right\} \Longrightarrow \begin{cases} N_2 = -(F+X) \\ N_3 = F+X \\ N_1 = -\frac{1}{2}\,(F+X) \\ N_4 = -X \end{cases}$$

- L'énergie potentielle élastique a pour expression :

$$W = \frac{1}{2} \frac{L}{ES} \left[(N_1)^2 + 2\,(N_2)^2 + 2\,(N_4)^2 \right]$$

Le théorème de Menabrea donne : $\frac{\partial W}{\partial X} = 0$, avec :

$$W = \frac{1}{2} \frac{L}{ES} \left[\frac{9}{4} (F + X)^2 + 2\,X^2 \right]$$

On en déduit :

$$N_1 = -\frac{4}{17} F \; ; \; N_2 = -\frac{8}{17} F \; ; \; N_3 = \frac{8}{17} F \; ; \; N_4 = \frac{9}{17} F$$

Le théorème de Castigliano donne enfin :

$$\frac{\partial W}{\partial F} = \frac{18}{17} \frac{FL}{ES} = u_C$$

Exercice II.2.15 : CALCUL D'UN TREILLIS TRIDIMENSIONNEL

On considère le treillis tridimensionnel constitué par des barres prismatiques de section droite S disposées suivant les arêtes d'un tétraèdre trirectangle ($OABC$) comme le montre la figure ci-après.

Le treillis est fixé par son sommet O à un bâti rigide. On désigne par ℓ la longueur des arêtes OA , OB , OC .

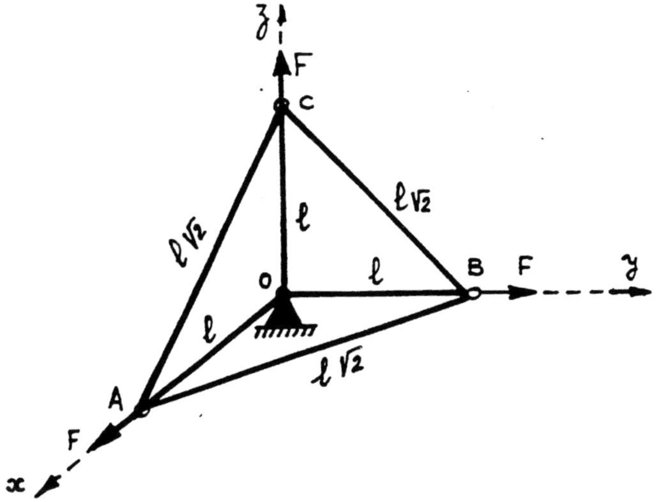

On demande de calculer, sous l'effet des trois forces tractrices F , de même intensité, agissant suivant OA , OB , OC en A , B et C ,

- les efforts normaux dans les barres du treillis,
- les déplacements des noeuds A , B et C ,
- l'énergie potentielle élastique W de déformation.

- SOLUTION PROPOSEE -

Le treillis ($OABC$) est isostatique intérieurement.

Les équations de l'équilibre externe s'écrivent :

$$\begin{cases} X_0 + F = 0 \\ Y_0 + F = 0 \\ Z_0 + F = 0 \end{cases}$$

d'où :

$$\begin{cases} X_0 = -F \\ Y_0 = -F \\ Z_0 = -F \end{cases}$$

Par raison de symétrie, on peut noter :

$$N_{OA} = N_{OB} = N_{OC} = N$$

De même :

$$N_{AB} = N_{AC} = N_{BC} = N'$$

L'équilibre du noeud A conduit à :

$$\begin{cases} F - N - 2N' \dfrac{\sqrt{2}}{2} = 0 \\ N' = 0 \end{cases} \Rightarrow \begin{cases} N' = 0 \\ N = F \end{cases}$$

L'équilibre du noeud O conduit à :

$$\begin{cases} X_0 + N = 0 \\ Y_0 + N = 0 \\ Z_0 + N = 0 \end{cases}$$

équations vérifiées par :

$$N = F$$

On en déduit :

$$u_A = v_B = w_C = \frac{F\ell}{ES}$$

et :

$$W = \frac{3F^2\ell}{2ES}$$

Exercice II.2.16 : SYSTEME DE BARRES TRIDIMENSIONNEL

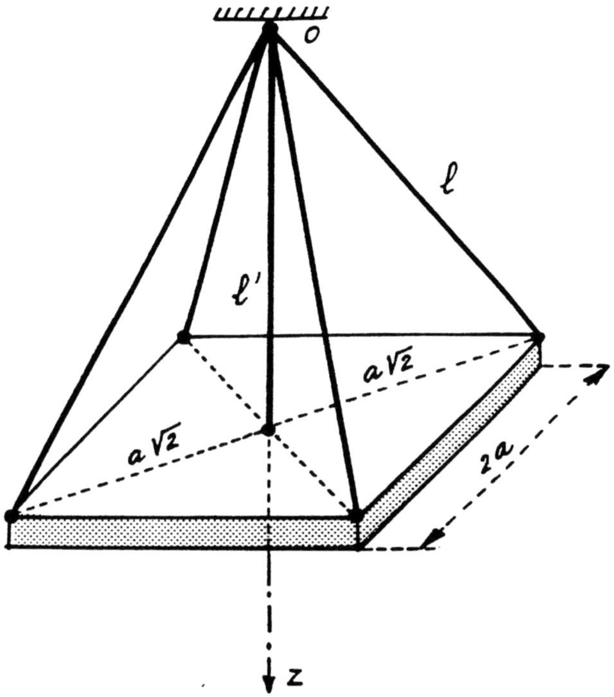

Un plateau indéformable, de poids P , a la forme d'une plaque carrée. Il est suspendu à un point O , comme l'indique la figure, par l'intermédiaire de cinq cables. Les quatre cables latéraux ont pour module d'Young E , pour section S et pour longueur au repos ℓ . Pour le cable central, ces paramètres sont notés respectivement E' , S' , ℓ' . On a la relation : $\ell^2 = \ell'^2 + 2a^2$ ($2a$ désigne le coté de la plaque).

- Calculer la tension N régnant dans chaque cable latéral.
- Calculer la tension N' régnant dans le cable central.
- Calculer le déplacement vertical du plateau.
- Calculer l'énergie potentielle élastique emmagasinée W , dans l'ensemble des cinq cables tendus.

- SOLUTION PROPOSEE -

L'équilibre des forces appliquées au plateau s'écrit, en projection sur la vertical OZ :

$$4N\cos\alpha + N' = P \qquad \text{avec} \qquad \cos\alpha = \frac{\ell'}{\ell}$$

soit $4N\ell' + N'\ell = P\ell$

Le système est intérieurement hyperstatique d'ordre 1.

Les cables latéraux subissent chacun un allongement $\delta\ell = \frac{N\ell}{ES}$; le cable central subit l'allongement $\delta\ell' = \frac{N'\ell'}{E'S'}$ et la relation $\ell^2 = \ell'^2 + 2a^2$ donne par différentiation : $\ell . \delta\ell = \ell' . \delta\ell'$ d'où

$$\frac{N\ell^2}{ES} = \frac{N'\ell'^2}{E'S'} .$$

Pour calculer les tensions N et N' , on a donc le système linéaire de deux équations :

$$\begin{cases} 4N\ell' + N'\ell = P\ell \\ \frac{\ell^2}{ES} N - \frac{\ell'^2}{E'S'} N' = 0 \end{cases} \Longrightarrow \begin{cases} N = \frac{ES\,\ell\,\ell'^2}{4\ell'^3 ES + \ell^3 E'S'} P \\ N' = \frac{E'S'\,\ell^3}{4\ell'^3 ES + \ell^3 E'S'} P \end{cases}$$

Le déplacement vertical du plateau vaut $\delta\ell'$:

$$\delta\ell' = \frac{\ell'\ell^3 P}{4\ell'^3 ES + \ell^3 E'S'}$$

L'énergie potentielle élastique de déformation emmagasinée par le système sous tension vaut :

$$W = 4\left(\frac{1}{2}\frac{N^2\ell}{ES}\right) + \frac{1}{2}\frac{N'^2\ell'}{E'S'}$$

soit :

$$W = \frac{1}{2}\,\frac{\ell^3\ell' P^2}{4\ell'^3 ES + \ell^3 E'S'}$$

Dans le cas où $ES = E'S'$, les résultats précédents se simplifient et l'on a :

$$N = \frac{P\left(\frac{\ell'}{\ell}\right)^2}{1 + 4\left(\frac{\ell'}{\ell}\right)^3} \qquad N' = \frac{P}{1 + 4\left(\frac{\ell'}{\ell}\right)^3} \qquad \delta\ell' = \frac{P\ell'/ES}{1 + 4\left(\frac{\ell'}{\ell}\right)^3}$$

$$W = \frac{1}{2ES}\,\frac{P^2\ell'}{1 + 4\left(\frac{\ell'}{\ell}\right)^3}$$

Exercice II.2.17 : TREILLIS TRIDIMENSIONNEL

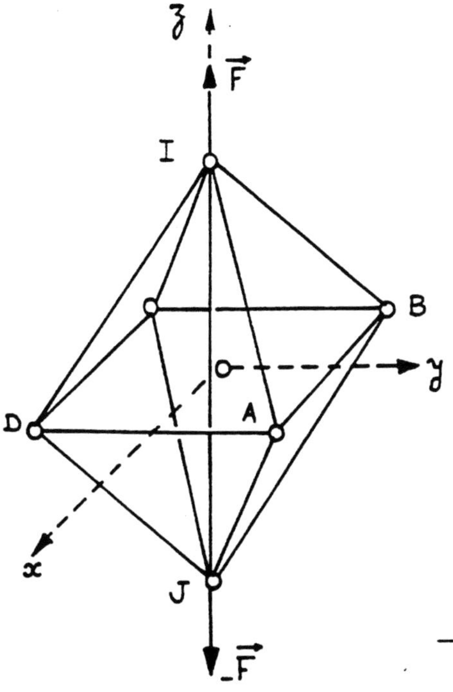

Les 13 barres ($b = 13$) du treillis constituent les arêtes d'un octaèdre régulier et une diagonale IJ. Le chargement est constitué par deux forces $\vec{F}$ et $-\vec{F}$ appliquées en I et J (resp.) et de support la droite IJ. Toutes les barres ont même section S et même module d'Young E ; 12 barres ont pour longueur L, la 13ème a pour longueur : $L\sqrt{2}$.

- Quel est le degré d'hyperstaticité ?
- Quels sont les efforts normaux dans les barres ?
- Quels sont les déplacements nodaux ?

- <u>SOLUTION PROPOSEE</u> -

- Le nombre de noeuds est $n = 6$; le nombre de barres est $b = 13$; on a donc : $b = (3n-6)+1$

La structure est intérieurement hyperstatique de degré 1.

- Appelons N_1 l'effort normal dans les barres AB, BC, CD, DA ; N_2 l'effort normal dans les barres IA, IB, IC, ID, JA, JB, JC, JD et N_3 l'effort normal dans la barre diagonale IJ.

$$\begin{cases} \text{L'équilibre du noeud I donne : } F = N_3 + 2\sqrt{2}\,N_2 \\ \text{Celui du noeud } A \text{ : } N_1 + N_2 = 0 \end{cases}$$

L'énergie potentielle élastique emmagasinée s'écrit :

$$\mathcal{W} = \frac{1}{2}\,\frac{L}{ES}\left[4(N_1)^2 + 8(N_2)^2 + \sqrt{2}\,(N_3)^2\right]$$

Le théorème de Menabrea fournit l'équation manquante :

$$\frac{\partial W}{\partial N_3} = 0 \qquad \text{avec} \qquad N_1 = -N_2 = \frac{\sqrt{2}}{4}\,(N_3 - F)$$

On obtient :

$$8\,N_1\,\frac{\partial N_1}{\partial N_3} + 16\,N_2\,\frac{\partial N_2}{\partial N_3} + 2\sqrt{2}\,N_3 = 0$$

et on en tire :

$$N_3 = 3\,(3 - 2\sqrt{2})\,F$$

d'où

$$N_1 = -(3 - 2\sqrt{2})\,F\;; \qquad N_2 = (3 - 2\sqrt{2})\,F$$

- le déplacement de I se fait suivant l'axe z et a pour valeur algébrique : $w_B = 3\,\frac{3\sqrt{2} - 4}{2}\;\frac{FL}{ES}$ (demi-allongement de la barre IJ).

Les points A , B , C , D se déplacent dans le plan xoy et on a :

$$u_A = v_A = -u_B = v_B = -u_C = -v_C = u_D = -v_D = -(3 - 2\sqrt{2})\,\frac{FL}{ES}$$

(demi-allongement de la barre AB).

Exercice II.2.18 : EQUILIBRE D'UNE CHAINE

Un bateau est à l'ancre. Il n'y a pas de courant. Le vent exerce une force $\vec{F}$ sur le bateau. La profondeur d'eau est h.

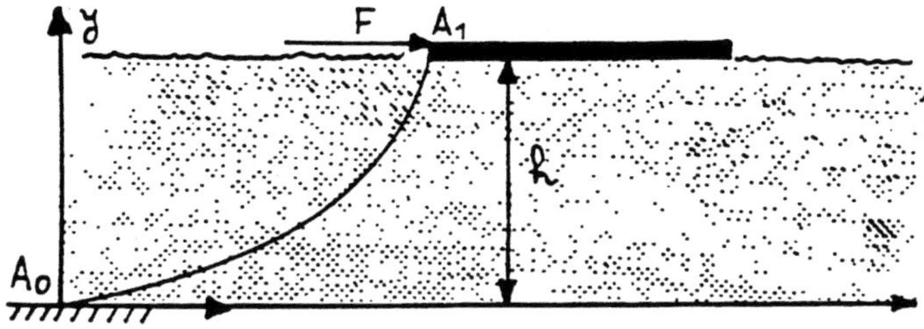

p : poids apparent de la chaîne par unité de longueur.

On demande de déterminer quelle est la longueur l minimale de la chaîne à envoyer pour avoir un mouillage correct, c'est-à-dire une tangente horizontale en A_0 à la chaîne.

Applications numérique : $F = 500 N$, $p = 10$ N/m , $h = 30$ mm.

- SOLUTION PROPOSEE -

L'équation de la chaînette s'écrit :

$$y - b = \frac{N_x}{p} \, ch \left(\frac{p}{N_x} (x - a) \right)$$

N_x est la projection de $\vec{N}$ sur Ox. L'équilibre du noeud A_1 montre que :

$$N_x = F$$

La chaîne passe par le point A_0 ($x = 0$, $y = 0$), le point A_1 ($x = x_1$, h). La tangente à la chaîne au point A_0 est nulle :

$$a = 0 \qquad b = -\frac{N_x}{p}$$

La longueur de la chaîne vaut alors :

$$l = \int_0^{x_1} ch \left(\frac{p}{N_x} x \right) dx = \frac{N_x}{p} \, sh \left(\frac{p}{N_x} x_1 \right)$$

d'où

$$\ell^2 = \frac{(Nx)^2}{P^2}\left(ch^2\left(\frac{P}{Nx}\,x_1\right) - 1\right)$$

et donc :

$$\ell = \sqrt{h\left(h + \frac{2F}{P}\right)}$$

Application numérique : $\ell = 62$ m.

Exercice II.2.19 : EQUILIBRE D'UN CABLE

Un fil inextensible, parfaitement flexible et torsible, de longueur ℓ est fixé en O et A. Sa masse linéique est ρ.

Ce fil est assujetti à rester dans le plan xOy qui tourne autour de l'axe Ox avec une vitesse angulaire ω constante et élevée.

On demande d'écrire les équations d'équilibre du fil, de calculer sa tension et de déterminer sa forme d'équilibre.

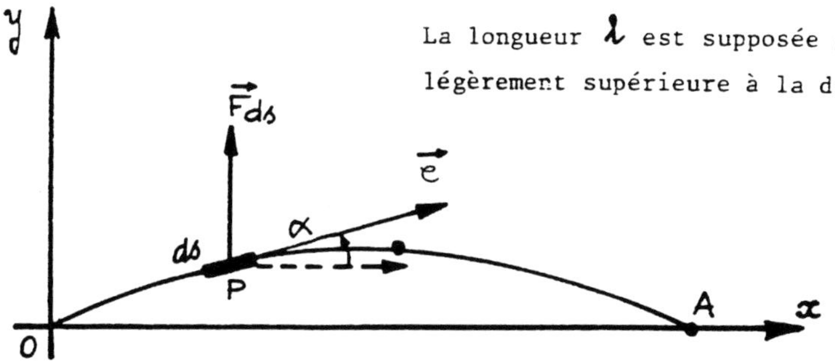

La longueur ℓ est supposée très légèrement supérieure à la distance OA

- SOLUTION PROPOSEE -

Les équations d'équilibre du fil s'expriment par l'équation vectorielle :

$$d\vec{N} + \vec{p}\,ds = \vec{0}$$

avec :

$$\vec{p} = \rho\,\omega^2 y\,\vec{j}$$

Sachant que :

$$\vec{N} = N\vec{e} = N\frac{dx}{ds}\,\vec{i} + N\frac{dy}{ds}\,\vec{j} \quad ,$$

il vient deux équations scalaires en projection sur $\vec{i}$ et $\vec{j}$:

$$\begin{cases} d\left(N\dfrac{dx}{ds}\right) = 0 \\[2ex] d\left(N\dfrac{dy}{ds}\right) + \rho\,\omega^2 y\,ds = 0 \end{cases}$$

On en déduit, en appelant α l'angle orienté de la tangente par rapport à l'axe des x :

$$dx = ds \cos\alpha$$
$$dy = ds \sin\alpha$$

D'où :

$$d(N\cos\alpha) = 0 \iff N\cos\alpha = c^{te} = N_x$$

Et, en tenant compte de la petitesse de α :

$$\frac{d^2y}{ds^2} + \frac{\rho\omega^2}{N_\Omega} y = 0$$

L'intégration de cette dernière équation conduit à :

$$y = A \sin ks + B \cos ks$$

avec :

$$k^2 = \frac{\rho\omega^2}{N_x}$$

Les conditions aux limites :

$$y(0) = 0, \quad y(\ell) = 0$$

permettent de calculer k et B, soit :

$$A \sin k\ell = 0 \implies k\ell = n\pi,\ n \in \mathbb{Z}$$

$$B = 0$$

La constante A est obtenue en écrivant la condition géométrique :

$$\int_{\widehat{OA}} ds = \ell$$, longueur du fil.

$$y = A \sin n \frac{\pi s}{\ell} \simeq A \sin \frac{n\pi x}{\ell}$$

CHAPITRE III

MOMENT FLECHISSANT

Exercice II.3.1 : ASSEMBLAGE DE DEUX POUTRES EN SERIE

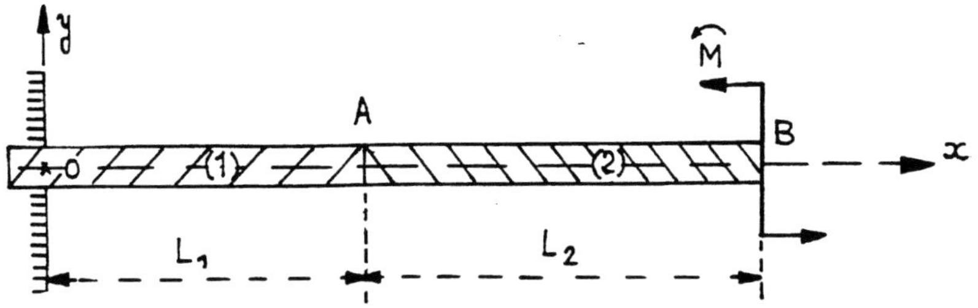

Ox = fibre neutre; Oy, Oz = axes principaux centraux d'inertie de S_o.

La poutre i (i = 1,2) a pour rigidité de flexion $\dfrac{E_i I_i}{L_i}$

Quelle est la rigidité de flexion de la poutre, représentée sur la figure, obtenue par soudage des deux poutres bout à bout et notée $\dfrac{EI}{L}$ avec $L = L_1 + L_2$?

- SOLUTION PROPOSEE -

On a, par définition de la rigidité de flexion :

$$\frac{E_1 I_1}{L_1} = \frac{M}{\omega_A} \quad \text{et} \quad \frac{E_2 I_2}{L_2} = \frac{M}{\omega_B - \omega_A}$$

On en déduit : $\omega_A = \dfrac{ML_1}{E_1 I_1}$, $\omega_B - \omega_A = \dfrac{ML_2}{E_2 I_2}$, d'où par addition membre à membre :

$$\frac{\omega_B}{M} = \frac{L_1}{E_1 I_1} + \frac{L_2}{E_2 I_2} = \frac{L}{EI}$$

$$\Longrightarrow \frac{EI}{L} = \frac{M}{\omega_B} = \frac{1}{\dfrac{L_1}{E_1 I_1} + \dfrac{L_2}{E_2 I_2}}$$

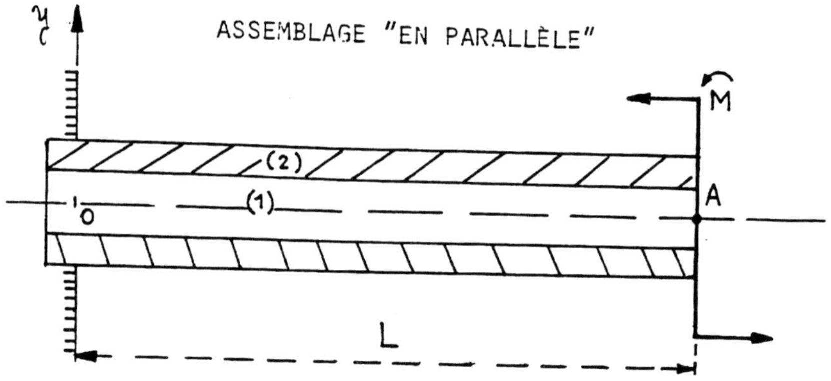

On se pose la même question que ci-dessus, mais les poutres sont associées "en parallèle"; la poutre (1) occupe toute la cavité de la poutre (2); Ox, Oy, Oz sont axes principaux centraux pour les deux poutres.

- SOLUTION PROPOSEE -

On a ici : $M = M_1 + M_2$, M_i désignant le moment fléchissant dans la poutre (i), avec $\dfrac{M_i}{\omega_A} = \dfrac{E_i I_i}{L}$.

On a donc :

$$\frac{M}{\omega_A} = \frac{EI}{L} = \frac{E_1 I_1}{L} + \frac{E_2 I_2}{L}$$

Exercice II.3.2 : ASSEMBLAGE DE DEUX POUTRES IDENTIQUES

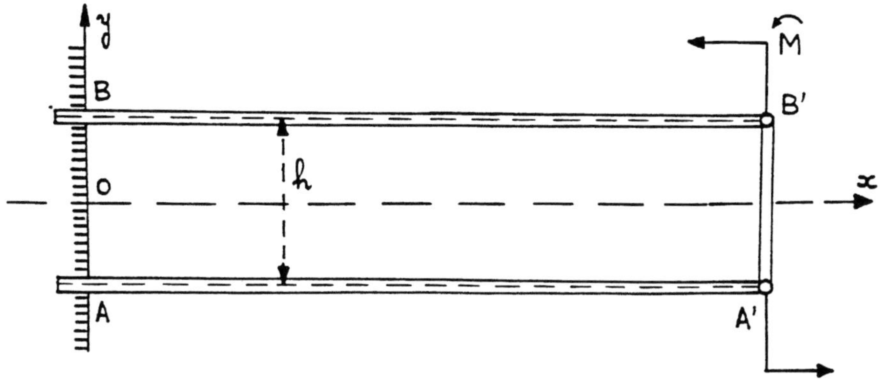

On considère la structure composée de :

- deux poutres prismatiques identiques AA' et BB', de plan moyen (xoy), de caractéristiques L , S , E .
- une barre $A'B'$ de longueur h , liant ses deux poutres par l'intermédiaire de deux articulations.

Les deux poutres sont encastrées comme l'indique la figure et on applique à la barre $A'B'$ le couple "fléchissant" M .

Calculer les efforts dans les deux barres et la "rigidité de flexion" de leur assemblage.

- SOLUTION PROPOSEE -

- La poutre AA' supporte un effort normal, constant, $N = F = \dfrac{M}{h}$; la poutre BB' supporte l'effort normal opposé.

On a donc :

- dans (AA') : $\sigma = \dfrac{M}{hS}$ et $\varepsilon = \dfrac{M}{EhS}$ puis $\delta(AA') = \dfrac{ML}{ESh}$
- dans (BB') : $\sigma = -\dfrac{M}{hS}$ et $\varepsilon = -\dfrac{M}{EhS}$ puis $\delta(BB') = -\dfrac{ML}{ESh}$
- la barre ($A'B'$) tourne donc de $\omega = \dfrac{2\delta L}{h} = \dfrac{2ML}{SEh^2}$

- la rigidité de flexion de l'assemblage est donc

$$\frac{M}{\omega} = \frac{E S h^2}{2L}$$

Exercice II.3.3 : FLEXION PLANE D'UNE POUTRE RECTILIGNE HYPERSTATIQUE

On considère la poutre (OAB) rectiligne, à plan moyen, définie sur la figure ci-après, soumise à l'action d'une force concentrée $\vec{F}$ $(0, F)$ à l'extrémité libre B .

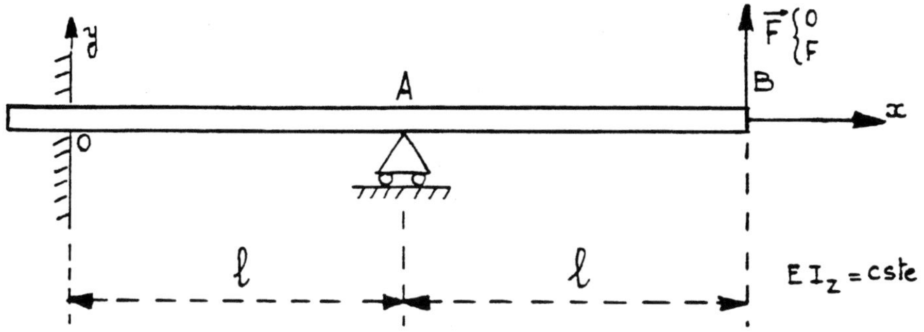

On demande de déterminer :

- des réactions de liaison en O et A ;
- les composantes du visseur sur toute section droite de la poutre; on tracera les diagrammes correspondants;
- la contrainte de traction maximale en supposant que la section droite, non évolutive, est un rectangle de hauteur h et de largeur b .

- SOLUTION PROPOSEE -

Le système mécanique constitué par la poutre (OAB) est hyperstatique de degré 1.

Les équations de l'équilibre statique s'écrivent :

$$\begin{cases} X_o = 0 \\ Y_o + Y_A + F = 0 \\ M_o + Y_A \ell + 2F\ell = 0 \end{cases}$$

En choisissant Y_A comme inconnue hyperstatique, on peut écrire le théorème de Ménabréa comme suit :

$$\frac{\partial W^{e}(F, Y_A)}{\partial Y_A} = 0$$

soit : $\displaystyle\int_0^{2\ell} \frac{\partial M}{\partial Y_A} \cdot M \; \frac{dx}{EI} = 0$

Avec : $M = F\,(2\ell - x) \qquad \ell < x < 2\ell$

$M = F\,(2\ell - x) + Y_A\,(\ell - x) \qquad 0 < x < \ell$,

il vient comme équation :

$$\int_0^{\ell} \left[F\,(2\ell - x) + Y_A\,(\ell - x)\right](\ell - x)\,\frac{dx}{EI} = 0$$

On en déduit, puisque EI est constant :

$$Y_A = -\frac{5F}{2}$$

Et :

$$\begin{cases} Y_O = \dfrac{3F}{2} \\ M_O = \dfrac{F\ell}{2} \end{cases}$$

Les composantes du visseur sur toute section droite ont donc pour expression :

<u>si $\ell < x < 2\ell$</u>

$N = 0$

$T = F$

$M = F\,(2\ell - x)$

<u>si $0 < x < \ell$</u>

$N = 0$

$T = -\dfrac{3F}{2}$

$M = \dfrac{3F}{2}\,x - \dfrac{F\ell}{2}$

D'où les diagrammes :

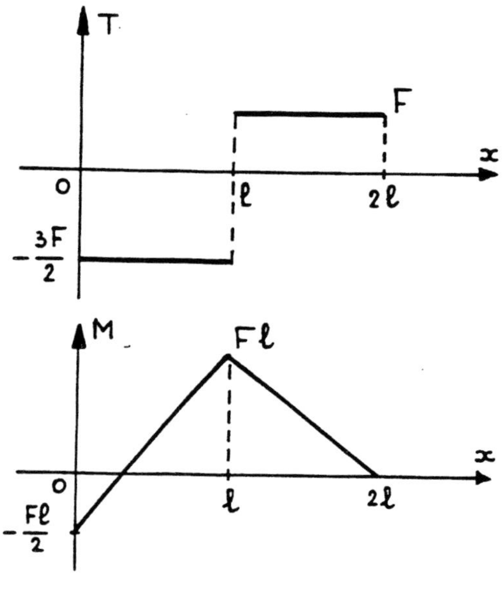

Exercice II.3.4 : MATRICE DE RAIDEUR D'UNE POUTRE ENCASTREE

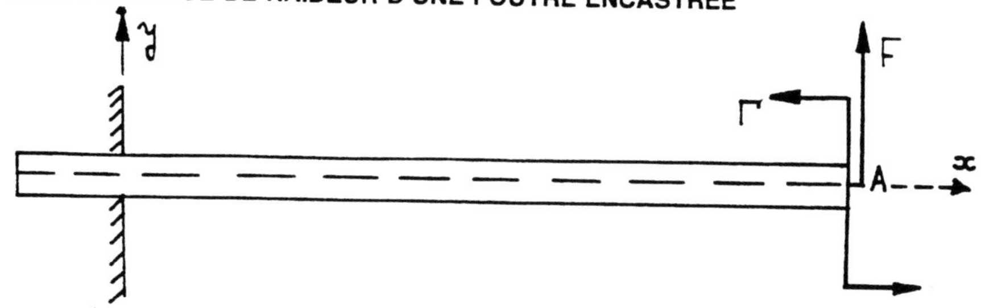

Caractéristiques de la poutre : $L, E, S, I = I_z$.

Trouver la matrice de raideur $[\mathbb{K}]$ telle que :

$$\begin{Bmatrix} F \\ \Gamma \end{Bmatrix} = [K] \begin{Bmatrix} v_A \\ \omega_A \end{Bmatrix}$$ et son inverse $[S] = [K]^{-1}$

- SOLUTION PROPOSEE -

$$EI \frac{d^2 v}{dx^2} = M = \Gamma + F(L - x)$$

$$EI \frac{dv}{dx} = EI\omega = \Gamma . x - \frac{F}{2}(L - x)^2 + A$$

$$v'(0) = 0 \Rightarrow A = F \frac{L^2}{2}$$

$$EI\, v(x) = \Gamma \frac{x^2}{2} + \frac{F}{6}(L - x)^3 + \frac{FL^2}{2} x + B$$

$$v(0) = 0 \Rightarrow B = -\frac{FL^3}{6}$$

d'où : $\omega_A = \left(\Gamma . L + \frac{FL^2}{2}\right) \frac{1}{EI}$

et $v_A = \left(\Gamma \frac{L^2}{2} + \frac{FL^3}{3}\right) \frac{1}{EI}$

$$\begin{Bmatrix} v_A \\ \omega_A \end{Bmatrix} = \frac{L}{6EI} \begin{bmatrix} 2L^2 & 3L \\ 3L & 6 \end{bmatrix} \cdot \begin{Bmatrix} F \\ \Gamma \end{Bmatrix}$$

$$\begin{Bmatrix} F \\ \Gamma \end{Bmatrix} = \frac{EI}{L^3} \begin{bmatrix} 12 & -6L \\ -6L & 4L^2 \end{bmatrix} \cdot \begin{Bmatrix} v_A \\ \omega_A \end{Bmatrix}$$

Exercice II.3.5 : FLEXION PLANE D'UNE POUTRE RECTILIGNE HYPERSTATIQUE

On considère une poutre prismatique de longueur 2ℓ , encastrée en O , appuyée en A , soumise en B au couple Γ "fléchissant"

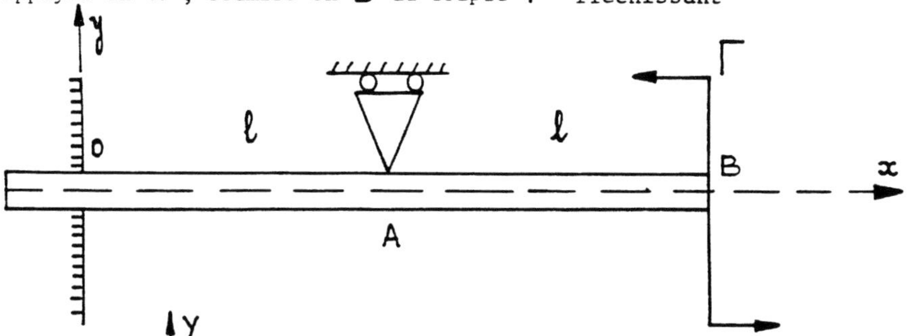

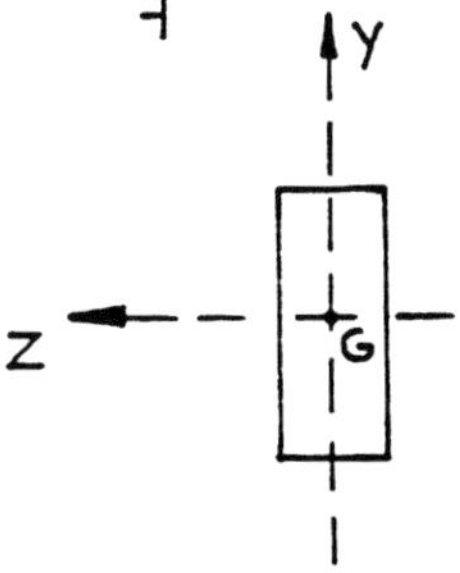

section droite rectangulaire de rigidité de flexion EI autour de GZ .

Calculer
- les réactions R_O, R_A, M_O
- la flèche $v(B) = v(2\ell)$
- la rotation $\omega_B = \omega(2\ell)$

- <u>SOLUTION PROPOSEE</u> -

1) La structure est hyperstatique extérieurement d'ordre 1

2) Equilibre $R_O + R_A = 0$ et $M_O + \ell R_A + \Gamma = 0$

3) Moments de flexion :

$$0 \leqslant x \leqslant \ell : M = M_Z = \Gamma + R_A(\ell - x)$$

$$\ell \leqslant x \leqslant 2\ell = M = M_Z = \Gamma$$

4) Calcul de la pente $v(x) = \dfrac{dv}{dx}$

à partir de l'équation fondamentale $\dfrac{d^2v}{dx^2} = \dfrac{M}{EI}$

a) $0 \leqslant x \leqslant \ell \quad \dfrac{dv}{dx} = \dfrac{1}{EI}\left[R_A\left(\ell x - \dfrac{x^2}{2}\right) + x\Gamma\right]$ car $v'(0) = 0$

b) $\ell \leqslant x \leqslant 2\ell$; $\frac{dv}{dx} = \frac{\Gamma}{EI}(x + A)$

La constante se détermine par la continuité des pentes pour

$$x = \ell \Rightarrow A = \frac{R_A . \ell^2}{2\Gamma} \Rightarrow \frac{dv}{dx} = \frac{1}{EI}\left(x\Gamma + R_A \frac{\ell^2}{2}\right)$$

5) Calcul de la flèche $v(x)$

a) $0 \leqslant x \leqslant \ell$ $\quad v(x) = \frac{1}{EI}\left[R_A\left(\ell\frac{x^2}{2} - \frac{x^3}{6}\right) + \frac{x^2}{2}\Gamma\right]$

puisque $v(0)$ est nul.

La nullité de $v(\ell)$ donne de plus : $R_A = -\frac{3}{2}\frac{\Gamma}{\ell}$

b) $\ell \leqslant x \leqslant 2\ell$ $\quad \frac{dv}{dx} = \frac{\Gamma}{EI}\left(x - \frac{3}{4}\ell\right)$

$$\Longrightarrow \quad v = \frac{\Gamma}{EI}\left(\frac{x^2}{2} - \frac{3}{4}\ell x + B\right)$$

La constante B est déterminée par la condition $v(\ell) = 0$

On trouve :

$$B = \frac{1}{4}\ell^2$$

$$v(x) = \frac{\Gamma}{EI}\left(\frac{x^2}{2} - \frac{3}{4}\ell x + \frac{1}{4}\ell^2\right) = \frac{\Gamma}{4EI}\left(2x^2 - 3\ell x + \ell^2\right)$$

6) On en déduit :

- la flèche $v(2\ell) = v_B = \frac{3\Gamma\ell^2}{4EI}$ $\quad$ } en B
- la rotation $\omega(2\ell) = \omega_B = v'(2\ell) = \frac{5}{4}\frac{\Gamma\ell}{EI}$

<u>Résultats</u> :

$$R_A = -\frac{3}{2}\frac{\Gamma}{\ell}, \quad R_0 = \frac{3}{2}\frac{\Gamma}{\ell}, \quad M_0 = \frac{1}{2}\Gamma$$

$$v_B = \frac{3\Gamma\ell^2}{4EI}$$

$$\omega_B = \frac{5}{4}\frac{\Gamma\ell}{EI}$$

Exercice II.3.6 : FLEXION PLANE D'UNE POUTRE HYPERSTATIQUE

On considère une poutre droite à plan moyen, encastrée à l'extrémité et soumise à une liaison par glissière à l'extrémité A .

Cette poutre est sollicitée par deux couples $-\vec{\mathscr{C}}$ et $+\vec{\mathscr{C}}$ antagonistes, concentrés, agissant aux abscisses $\frac{\ell}{3}$ et $\frac{2\ell}{3}$ respectivement (ℓ étant la portée de la poutre).

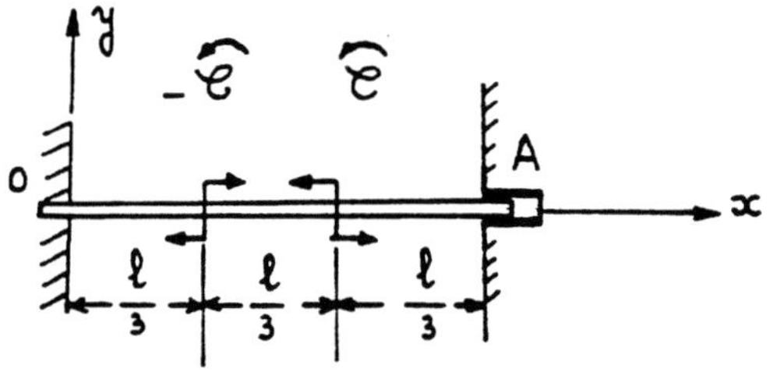

$$\vec{\mathscr{C}} \begin{pmatrix} 0 \\ 0 \\ \mathscr{C} \end{pmatrix}$$

$\mathscr{C} > 0$

$EI = cste$

On demande de déterminer les réactions de liaison en O et A ainsi que les composantes du visseur sur toute section droite de la poutre. On tracera les diagrammes correspondants.

- SOLUTION PROPOSEE -

Le système est, en raison des symétries, hyperstatique de degré 1.

Les équations de la statique s'écrivent en effet :

$$\begin{cases} X_O = 0 \\ Y_O + Y_A = 0 \\ M_O + M_A = 0 \end{cases} \qquad \text{et} \quad Y_O = Y_A \quad \text{(symétrie)}$$

d'où :

$$\begin{cases} X_O = 0 \\ Y_O = Y_A = 0 \\ M_O = - M_A \end{cases}$$

En prenant M_A comme inconnue hyperstatique, on peut lever l'indétermination sur M_A en écrivant le théorème de Ménabréa.

Soit :

$$\frac{\partial W(\mathscr{C}, M_A)}{\partial M_A} = 0$$

avec :

$$\mathcal{W}(\mathcal{C}, M_A) = \frac{1}{2}\int_0^{\ell} \frac{M^2}{EI}\,dx$$

On peut écrire l'équation de Ménabréa comme suit :

$$\int_0^{\ell} M.\frac{\partial M}{\partial M_A}\cdot\frac{dx}{EI} = 0$$

avec :

Si $\frac{2\ell}{3} < x < \ell$, $M = M_A$, $\frac{\partial M}{\partial M_A} = 1$

Si $\frac{\ell}{3} < x < \frac{2\ell}{3}$, $M = M_A + \mathcal{C}$, $\frac{\partial M}{\partial M_A} = 1$

Si $0 < x < \frac{\ell}{3}$, $M = M_A$, $\frac{\partial M}{\partial M_A} = 1$

D'où :

$$\int_0^{\frac{\ell}{3}} M_A\,\frac{dx}{EI} + \int_{\frac{\ell}{3}}^{\frac{2\ell}{3}} (M_A + \mathcal{C})\frac{dx}{EI} + \int_{\frac{2\ell}{3}}^{\ell} M_A\,\frac{dx}{EI} = 0$$

Et :

$$M_A = -\frac{\mathcal{C}}{3}$$

$$\Rightarrow \quad M_0 = \frac{\mathcal{C}}{3}$$

Le diagramme des moments de flexion est donné ci-après, les autres composantes du visseur étant évidemment nulles sur toute section droite de la poutre.

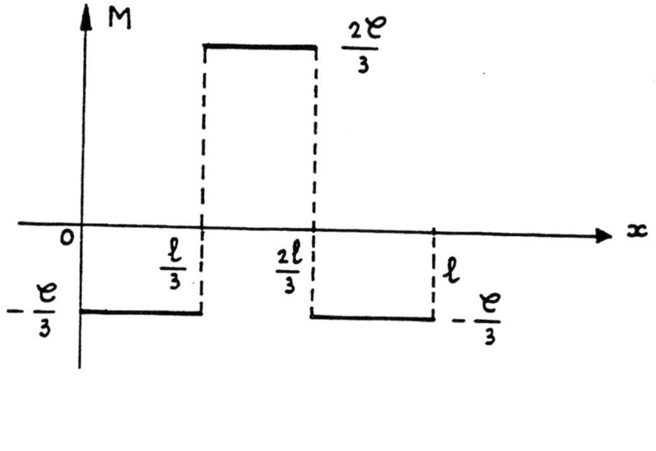

Exercice II.3.7 : FLEXION PLANE D'UNE POUTRE DE LARGEUR VARIABLE

Soit la poutre rectiligne à plan moyen (xOy), de longueur ℓ , encastrée à l'extrémité de gauche O et libre à l'autre extrémité, définie sur la figure ci-après.

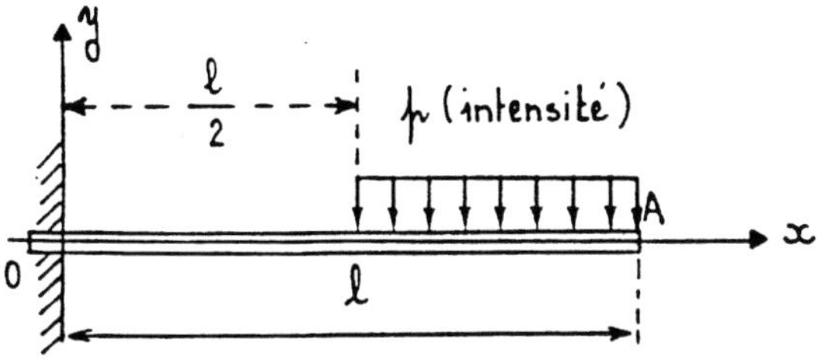

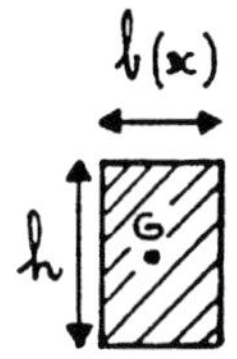

Sa section droite est rectangulaire de hauteur h et de largeur $b(x)$ variable.

La poutre est soumise sur sa demi-longueur vers l'extrémité libre A , à l'action d'une charge uniformément répartie verticale descendante d'intensité p par unité de longueur de la poutre.

On demande de déterminer la loi de variation de la largeur $b(x)$ de la section droite pour que la poutre ainsi définie soit d'égale résistance à la flexion. (La contrainte normale σ_{max} y est alors constante).

- SOLUTION PROPOSEE -

1) Equilibre statique de la poutre

Le système est isostatique

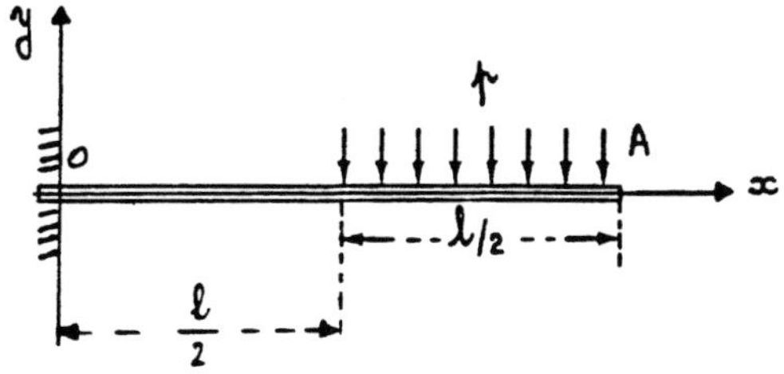

$$Y_0 + (-p)\frac{\ell}{2} = 0$$

$$M_0 - \frac{p\ell}{2} \cdot 3\frac{\ell}{4} = 0$$

$$Y_0 = p\,\frac{\ell}{2}$$

$$M_0 = 3\,\frac{p\ell^2}{8}$$

2) Composantes du visseur sur une section droite

$$N = U = T_z = M_y = 0$$

$$T_y \begin{cases} T = -\dfrac{pl}{2} + p\left(x - \dfrac{l}{2}\right) & \text{pour } \dfrac{l}{2} < x < l \\ T = -\dfrac{pl}{2} & \text{pour } 0 < x < \dfrac{l}{2} \end{cases}$$

$$M_z \begin{cases} M = -p\,\dfrac{(l-x)^2}{2} & \text{pour } \dfrac{l}{2} < x < l \\ M = -3\,\dfrac{pl^2}{8} + \dfrac{pl}{2}x & \text{pour } 0 < x < \dfrac{l}{2} \end{cases}$$

3) Contrainte normale sur toute section droite

$$\sigma_x = -\frac{M}{I}Y \qquad I_z = \frac{b(x)h^3}{12} = I$$

d'où :

- Pour $0 < x < \frac{l}{2}$

$$\sigma_x = -\frac{12Y}{b(x)h^3} \cdot \left(-\frac{3}{8}pl^2 + p\frac{l}{2}x\right)$$

$\sigma_x\,(max)$ est obtenue pour $Y = \frac{h}{2}$

$$\sigma_{x\,(max)} = -\frac{12h}{2b(x)h^3}\left(-\frac{3}{8}pl^2 + \frac{pl}{2}x\right) = -\frac{6}{b(x)h^2}\left(-\frac{3pl^2}{8} + \frac{pl}{2}x\right)$$

Si $\sigma_{x\,(max)} = k$

$$b(x) = \frac{-3pl}{kh^2}\left[x - \frac{3}{4}l\right] \Rightarrow b\left(\frac{l}{2}\right) = \frac{3}{4}\,\frac{pl^2}{kh^2}$$

(variation linéaire)

- Pour : $\frac{l}{2} < x < l$

$$\sigma_{x(max)} = -\frac{6}{b(x)h^2}\left[-\frac{p}{2}(l-x)^2\right]$$

Si $\sigma_{x\,(max)} = k$

$$b(x) = \frac{6}{kh^2}\,\frac{p}{2}(l-x)^2 = \frac{3p}{kh^2}(l-x)^2$$

(variation parabolique)

$$\Rightarrow b\left(\frac{l}{2}\right) = \frac{3}{4}\,\frac{pl^2}{kh} \quad \text{et} \quad b(l) = 0$$

Exercice II.3.8 : FLEXION D'UNE POUTRE RECTILIGNE HYPERSTATIQUE

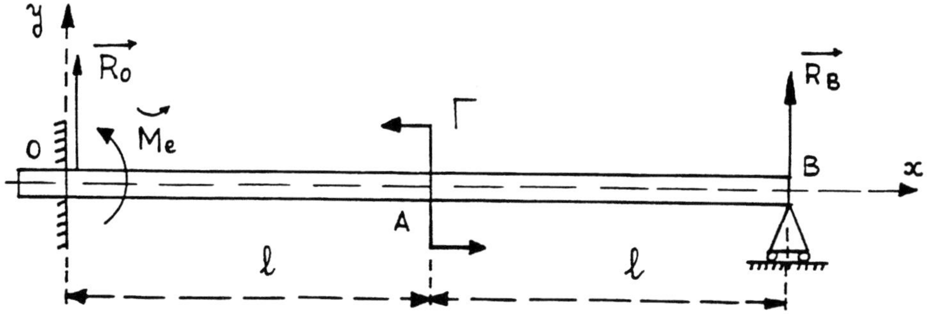

- Poutre prismatique d'axes principaux $x'x$, $y'y$, $z'z$.
- Calculer les réactions R_0 et R_B , le moment d'encastrement M_e , la rotation ω_A de la section (S_A).
- Tracer les diagrammes d'effort tranchant et de moment de flexion, en respectant les correspondances entre ces deux diagrammes.

Remarques : On négligera la flèche due à l'effort tranchant devant celle due au moment de flexion.

On notera EI la rigidité de flexion de la poutre.

- SOLUTION PROPOSEE -

1) Equations d'équilibre :

$$R_0 + R_B = 0 \qquad \text{et} \qquad M_e + \Gamma + 2\ell R_B = 0$$

2) 1er tronçon $0 < x < \ell$: $M = \Gamma + R_B\,(2\ell - x) = EI\,\dfrac{d^2v}{dx^2}$

$$\Rightarrow EI\,\frac{dv}{dx} = \Gamma . x + R_B\left(2\ell x - \frac{x^2}{2}\right)$$

$$\Rightarrow EI\;v(x) = \frac{1}{2}\,\Gamma . x^2 + R_B\left(\ell x^2 - \frac{x^3}{6}\right)$$

$$\Rightarrow EI\left(\frac{dv}{dx}\right)_\ell = \Gamma . \ell + \frac{3}{2}\,R_B\,\ell^2$$

$$\Rightarrow EI\,v(\ell) = \frac{1}{2}\,\Gamma\ell^2 + \frac{5}{6}\,R_B\,\ell^3$$

3) $\ell < x < 2\ell$ $\qquad M = R_B\,(2\ell - x) = EI\,\dfrac{d^2v}{dx^2}$

$$\Rightarrow EI\,\frac{dv}{dx} = R_B\left(2\ell x - \frac{x^2}{2}\right) + A$$

avec (continuité des pentes) : $\frac{3}{2} R_B \ell^2 + A = \frac{3}{2} R_B \ell^2 + \Gamma \ell$

$$\boxed{A = \Gamma . \ell} \quad \Rightarrow EI\,\frac{dv}{dx} = \Gamma\ell + R_B\left(2\ell x - \frac{x^2}{2}\right)$$

$$\Rightarrow EI\, v(x) = R_B\left(\ell x^2 - \frac{x^3}{6}\right) + \Gamma . \ell x + B$$

$$0 = \frac{8}{3} R_B \ell^3 + 2\,\Gamma \ell^2 + B \qquad (v(2\ell) = 0)$$

$\frac{1}{2}\Gamma\ell^2 + \frac{5}{6} R_B \ell^3 = \frac{5}{6} R_B \ell^3 + \Gamma\ell^2 + B$ (continuité des flèches)

$$\Rightarrow B = -\frac{1}{2}\Gamma\ell^2 \Rightarrow R_B = -\frac{9}{16}\frac{\Gamma}{\ell}$$

$$\boxed{R_0 = \frac{9}{16}\frac{\Gamma}{\ell}, \quad R_B = -\frac{9}{16}\frac{\Gamma}{\ell}, \quad M_e = \frac{\Gamma}{8}, \quad \omega_A = \frac{5}{32}\frac{\Gamma\ell}{EI}}$$

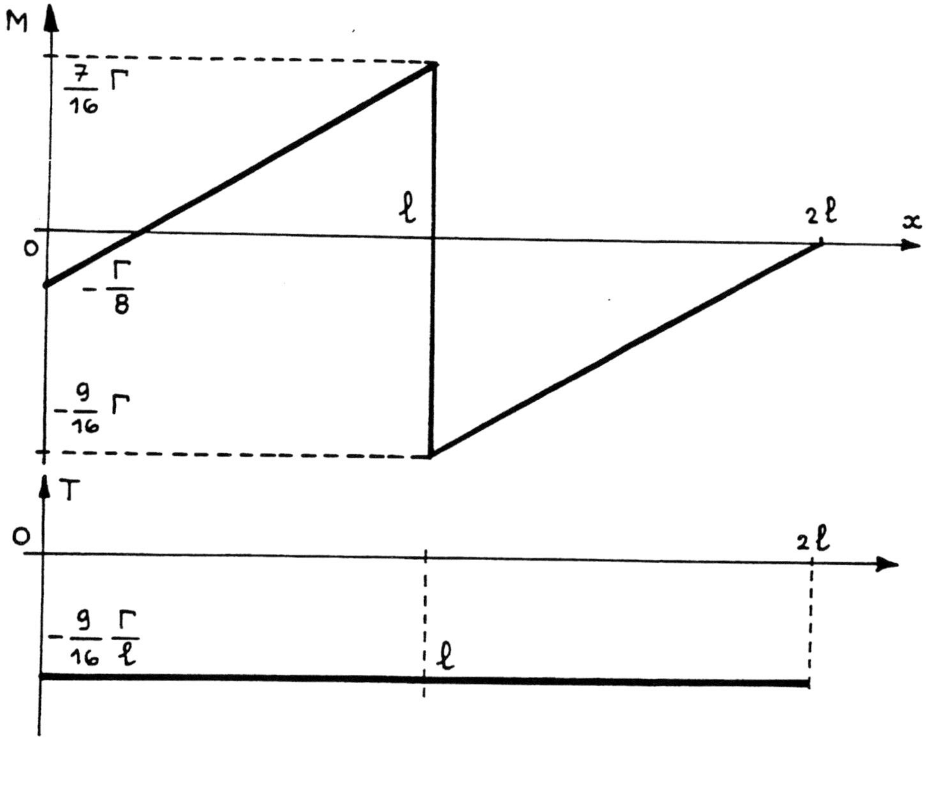

Exercice II.3.9 : FLEXION GAUCHE D'UNE POUTRE DROITE

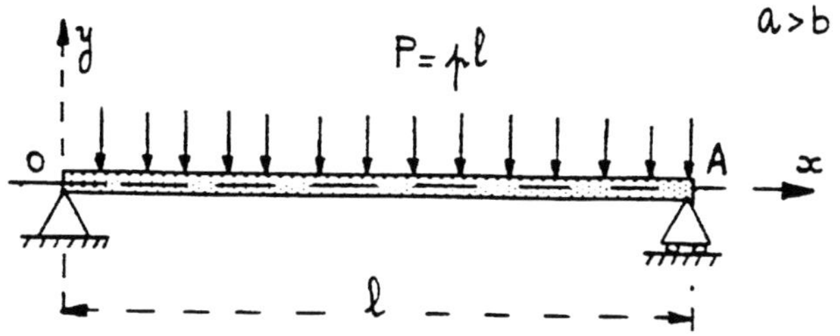

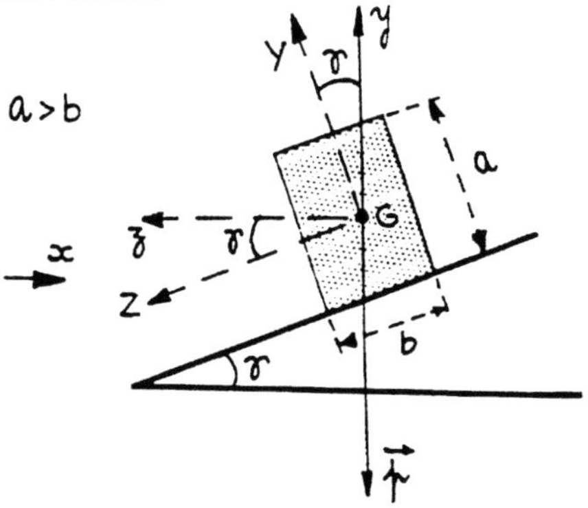

Une poutre prismatique, de section S rectangulaire (a, b), de longueur ℓ, repose sur deux appuis simples en ses extrêmités O et A ; les arêtes de ces appuis font un angle γ avec l'horizontale; la poutre est soumise à son propre poids $P = p\ell$; E désigne le module d'Young.

- Déterminer les composantes des réactions en O et A puis celles du visseur sur S d'abscisse x
- Calculer la contrainte σ_x en $P(X, Y, Z)$ et donner la position de l'axe neutre (par son angle polaire β à partir de GY)
- En quel point la contrainte σ_x est-elle maximale ?
- Calculer la déformée de la fibre neutre.

- SOLUTION PROPOSEE -

- $R_{Oy} = R_{Ay} = \frac{P}{2} = \frac{1}{2} p\ell$
- $N = 0$, $T_y = p\left(x - \frac{\ell}{2}\right)$, $M_z = \frac{p}{2} x(\ell - x)$, $M^t = M_x = 0$

ce qui donne dans les axes principaux.

$$T_Y = p\left(x - \frac{\ell}{2}\right)\cos\gamma ; \quad T_Z = -p\left(x - \frac{\ell}{2}\right)\sin\gamma ; \quad M_Y = \frac{p}{2} x(\ell - x)\sin\gamma$$

$$M_Z = \frac{p}{2} x(\ell - x)\cos\gamma$$

$$\sigma_X = -\frac{M_Z}{I_Z} Y + \frac{M_Y}{I_Y} Z = M_z\left(-Y\frac{\cos\gamma}{I_Z} + Z\frac{\sin\gamma}{I_Y}\right)$$

avec

$$I_Y = \frac{ab^3}{12} \quad \text{et} \quad I_Z = \frac{a^3 b}{12}$$

l'axe neutre a pour équation

$$(\Delta) \quad -Y\frac{\cos\gamma}{a^2} + Z\frac{\sin\gamma}{b^2} = 0$$

On en tire $\operatorname{tg}\beta = \left(\frac{b}{a}\right)^2 \cdot \operatorname{cotg}\gamma$

(l'angle polaire α de $\widehat{M}$ à partir de $Y'Y$ est $\alpha = \frac{\pi}{2} - \gamma$)

σ_x est maximal au point de coordonnées $\left(0, -\frac{a}{2}, \frac{b}{2}\right)$ dans les axes $(0, XYZ)$ où il vaut :

$$(\sigma_x)_{max} = \frac{3}{4}\,\frac{p\ell^2}{ab}\left(\frac{\cos\gamma}{a} + \frac{\sin\gamma}{b}\right)$$

Les composantes $V(x)$ et $W(x)$ de la flèche sur les axes $Y'Y$ et $Z'Z'$ (resp.) se calculent à partir des formules

et

$$EI_z\,\frac{d^2V}{dx^2} = M_z \qquad EI_y\,\frac{d^2W}{dx^2} = -M_y$$

On obtient par intégration compte tenu des conditions aux limites :

$$\begin{cases} V = -\dfrac{p\cos\gamma}{24EI_z}\,x\,(x^3 - 2\ell x^2 + \ell^3) \\ W = \dfrac{p\sin\gamma}{24EI_y}\,x\,(x^3 - 2\ell x^2 + \ell^3) \end{cases}$$

La flèche maximale a pour composantes, dans les axes principaux

$$\begin{cases} V\left(\dfrac{L}{2}\right) = -\dfrac{5}{384}\,\dfrac{p\cos\gamma\,L^4}{EI_z} \\ W\left(\dfrac{L}{2}\right) = \dfrac{5}{384}\,\dfrac{p\sin\gamma\,L^4}{EI_y} \end{cases}$$

Exercice II.3.10 : FLEXION PLANE D'UNE POUTRE RECTILIGNE D'INERTIE VARIABLE

Une poutre, de poids négligeable, ABC, à plan moyen xoy, à ligne moyenne rectiligne est constituée de deux tronçons cylindriques circulaires creux d'épaisseur constante e et de rayons moyens respectifs r_1 et r_2. Chaque tronçon a pour longueur $\frac{\ell}{2}$ comme l'indique la figure ci-après.

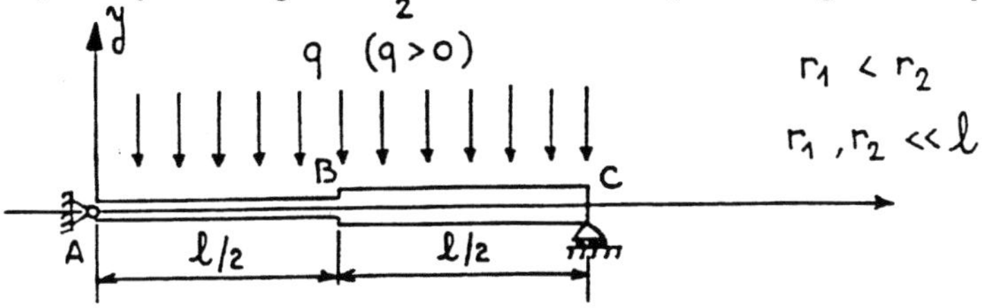

Cette poutre est liée à l'extérieur par une articulation en A et un appui simple en C. Elle est soumise à une charge uniformément répartie d'intensité q

1) Déterminer les composantes du visseur sur toute section droite.
2) Donner l'expression de la flèche prise par la fibre moyenne.
3) Calculer la contrainte de traction maximale.
4) Calculer l'énergie élastique emmagasinée au cours de la déformation.

- SOLUTION PROPOSEE -

1)

$$M = q\frac{\ell}{2}x - q\frac{x^2}{2} = M_z$$

$$T = -q\frac{\ell}{2} + qx = T_y$$

$$T_z = M_y = N = U = 0$$

2) La déformée est liée au moment de flexion par l'équation différentielle :

$$EI\,v'' = M$$

D'où :

Entre A et B

$$EI_1\,v_1'' = q\frac{\ell}{2}x - q\frac{x^2}{2}$$

$$EI_1\,v_1' = q\frac{\ell x^2}{4} - q\frac{x^3}{6} + A_1$$

$$EI_1\,v_1 = q\frac{\ell x^3}{12} - q\frac{x^4}{24} + A_1x + B_1$$

Entre B et C

$$EI_2\,v_2'' = q\frac{\ell}{2}x - q\frac{x^2}{2}$$

$$EI_2\,v_2' = q\ell\frac{x^2}{4} - q\frac{x^3}{6} + A_2$$

$$EI_2\,v_2 = q\ell\frac{x^3}{12} - q\frac{x^4}{24} + A_2x + B_2$$

Conditions aux limites :

$$\begin{cases} v_1(0) = 0 \quad \Longrightarrow \quad B_1 = 0 \\ v_2(\ell) = 0 \\ v_1(\ell/2) = v_2\left(\frac{\ell}{2}\right) \\ v'_1\left(\frac{\ell}{2}\right) = v'_2\left(\frac{\ell}{2}\right) \end{cases}$$

On en déduit :

$$A_1 = \frac{q\frac{\ell^3}{24}\left[-I_1 + \frac{11}{66}(I_1 - I_2)\right]}{I_2}, \quad A_2 = \frac{-q\frac{\ell}{24}\left[I_1 + \frac{5}{16}(I_1 - I_2)\right]}{I_1}, \quad B_2 = \frac{\frac{5}{384}\ell^4(I_1 - I_2)q}{I_1}$$

avec :

$$I_1 = \pi r_1^3 e \qquad I_2 = \pi r_2^3 e$$

3) La contrainte normale est liée au moment de flexion par la relation :

$$\sigma_x = -\frac{M}{I} \cdot y$$

, y ordonnée de la fibre considérée dans le plan de la section droite de la poutre.

La contrainte normale de traction sera donc maximale pour $y = -r_1$ pour $x = \frac{\ell}{2} - \varepsilon$, ε étant tel que x définisse la dernière section pour laquelle s'applique le principe de Saint-Venant.

$$(\sigma_x)_{max} \simeq \frac{q\ell^2}{8\pi r_1^2 e}$$

4) L'énergie élastique emmagasinée dans la poutre au cours de la flexion s'écrit :

$$W = \frac{1}{2}\int_0^\ell M^2 \frac{dx}{EI}$$

Soit :

$$W = \frac{1}{2E}\left[\int_0^{\frac{\ell}{2}} \frac{M^2}{I_1} dx + \int_{\frac{\ell}{2}}^{\ell} \frac{M^2}{I_2} dx\right]$$

$$W = \frac{q^2\ell^5}{480E}\left[\frac{1}{I_1} + \frac{1}{I_2}\right]$$

$$W = \frac{q^2\ell^5}{480\pi e E}\left[\frac{1}{r_1^3} + \frac{1}{r_2^3}\right]$$

Exercice II.3.11 : FLEXION PLANE D'UNE POUTRE RECTILIGNE

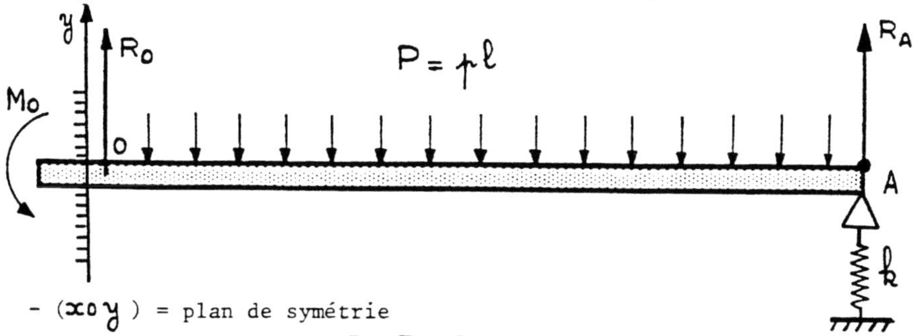

- (xOy) = plan de symétrie
- caractéristiques : L, E, $I = I_z$ (constants)
- chargement : poids propre $P = pL$
- k = raideur du ressort

Calculer les efforts de liaison et la flèche v

- SOLUTIONS PROPOSEES -

- Equilibre global : $R_O + R_A = P = p\ell$; $M_O + R_A L = p\dfrac{L^2}{2} = \dfrac{PL}{2}$

  degré d'hyperstaticité : 1; $R_A = -k . v_A$

- Visseur à l'abscisse x : $T = R_A - p(L-x) = T_y$

$$M = R_A(L-x) - p\frac{(L-x)^2}{2} = M_z$$

- Courbure prise par la ligne moyenne à l'abscisse x :

$$\frac{1}{R} = \frac{d^2v}{dx^2} = \frac{M}{EI} \implies EIv'' = R_A(L-x) - \frac{p}{2}(L-x)^2$$

$$\implies EIv' = R_A\left(Lx - \frac{x^2}{2}\right) - \frac{p}{2}\left(L^2x - Lx^2 + \frac{x^3}{3}\right)$$

$$\implies EIv = R_A\left(L\frac{x^2}{2} - \frac{x^3}{6}\right) - \frac{p}{2}\left(L^2\frac{x^2}{2} - L\frac{x^3}{3} - \frac{x^4}{12}\right)$$

La condition d'appui élastique : $R_A = -k\,v_A$ donne :

$$R_A = \frac{3}{8}pL\frac{1}{1 + 3\dfrac{EI}{kL^3}} \quad , \quad R_O = \frac{1}{8}pL\frac{24EI + 5kL^3}{3EI + kL^3}$$

$$M_O = \frac{pL^2}{8}\frac{12EI + kL^3}{3EI + kL^3}$$

$$v(L) = v_A = -\frac{3}{8}\frac{pL}{k}\frac{1}{1 + 3\dfrac{EI}{kL^3}}$$

Exercice II.3.12 : POUTRE RECTILIGNE AVEC APPUI ELASTIQUE

On considère une poutre rectiligne, de section constante, de longueur ℓ, encastrée en O , reliée en A au bâti par un ressort de raideur k . Il s'exerce en A une force $\vec{F}$ verticale ascendante.

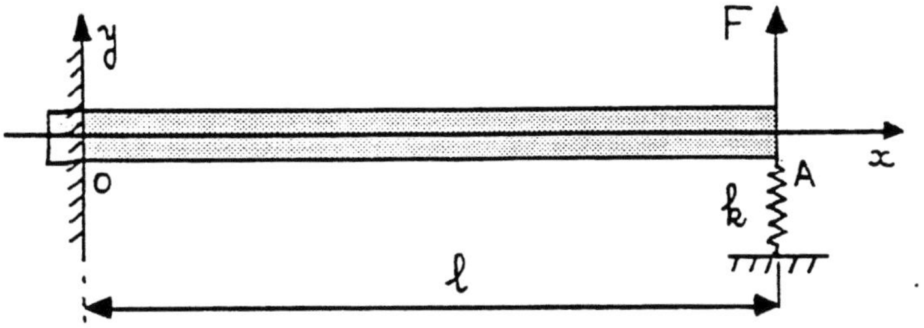

E : module de Young

I : moment quadratique de la section droite ($I = I_z$)

Déterminer le déplacement du point A (On négligera, pour la poutre, l'énergie due à l'effort tranchant devant celle due au moment de flexion).

- SOLUTION PROPOSEE -

Sur la figure ci-dessous sont indiquées les composantes non nulles des réactions en O et C .

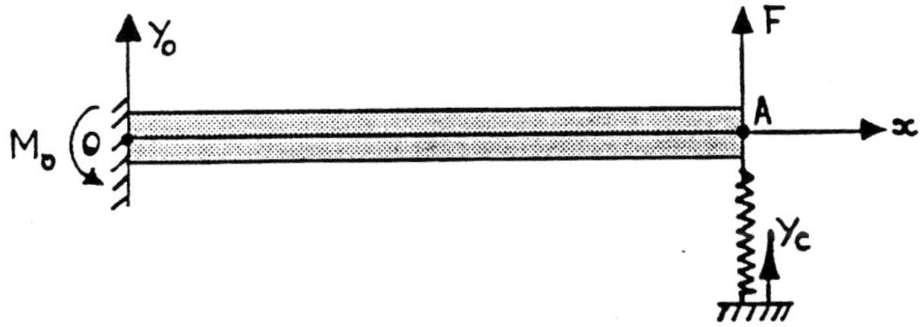

Les équations d'équilibre s'écrivent :

$$Y_0 + Y_C + F = 0$$

$$M_0 + F\ell + Y_C\ell = 0$$

Le problème est hyperstatique d'ordre 1. Prenons Y_C comme inconnue hyperstatique. Pour pouvoir calculer l'énergie élastique du système nous devons calculer le moment de flexion M dans une section droite.

$$M = (F + Y_C)(\ell - x)$$

L'énergie élastique du système (poutre + ressort) s'écrit :

$$W = \frac{1}{2}\int_0^{\ell} \frac{M^2}{EI}\,dx + \frac{1}{2}\frac{Y_C^2}{k}$$

d'où

$$W = \frac{1}{2EI}\int_0^{\ell} (F + Y_C)^2(\ell - x)^2\,dx + \frac{1}{2k}\,Y_C^2$$

Appliquons le théorème de Menabrea :

$$\frac{\partial W}{\partial Y_C} = 0$$

d'où

$$Y_C = -\frac{Fk\ell^3}{3EI + k\ell^3}$$

Le déplacement vertical du point A, v_A, peut être obtenu en écrivant la loi de comportement du ressort ou en utilisant le théorème de Castigliano :

$$v_A = \frac{dW}{dF} = \frac{F\ell^3}{3EI + k\ell^3}$$

Exercice II.3.13 : POUTRE RECTILIGNE HYPERSTATIQUE

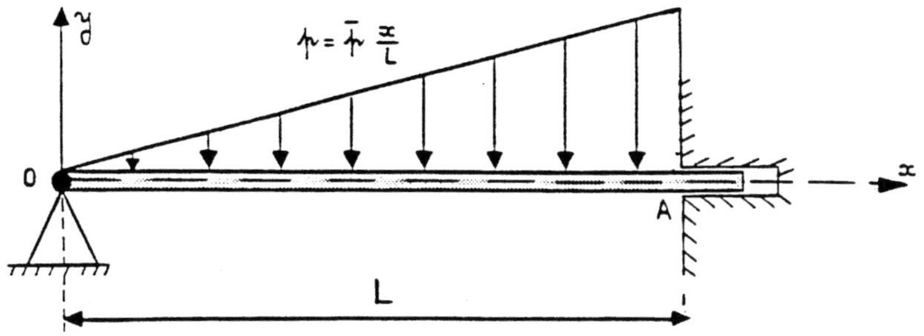

Caractéristiques : L , E , S , $I = I_z$; section carrée de côté a .

- Calculer les efforts de liaison
- Trouver la valeur de $(\sigma_x)_{max}$ et son point d'application
- Trouver la flèche $v(x)$. Diagrammes de T et M .

- SOLUTION PROPOSEE -

- Equilibre global : $X_0 = 0$; $Y_0 + Y_A - \bar{p}\,\frac{L}{2} = 0$

$$L Y_A + M_A + \bar{p}\,\frac{L^2}{3} = 0$$

- Visseur sur (S) $T = - Y_0 + \bar{p}\,\frac{x^2}{2L}$

$$M = Y_0 . x - \bar{p}\,\frac{x^3}{6L}$$

- Energie potentielle élastique emmagasinée :

$$W = \frac{1}{2EI}\int_0^L \left(x Y_0 - \bar{p}\,\frac{x^3}{6L}\right)^2 dx$$

- Théorème de Menabrea :

$$\frac{\partial W}{\partial Y_0} = 0 \Rightarrow Y_0 = \bar{p}\,\frac{L}{10} \Rightarrow \begin{cases} X_0 = 0 \ ; \ Y_0 = \bar{p}\,\frac{L}{10} \\ Y_A = \frac{4}{10}\,\bar{p} L \ ; \ M_A = -\frac{\bar{p} L^2}{15} \end{cases}$$

- σ_x est maximal pour $y = -\frac{a}{2}$, $x = L$:

$$(\sigma_x)_{max} = \frac{4}{3}\,\frac{\bar{p} L^2}{a^3} \qquad \left(S = a^2 \text{ et } I = \frac{a^4}{12}\right)$$

- $M = \frac{\bar{p} L^2}{30}\left(3\frac{x}{L} - 5\frac{x^3}{L^3}\right)$; $T = \frac{\bar{p} L}{10}\left(5\frac{x^2}{L^2} - 1\right)$

$$v = -\frac{\bar{p} L^4}{120 EI}\left[\frac{x^5}{L^5} - 2\frac{x^3}{L^3} + \frac{x}{L}\right]$$

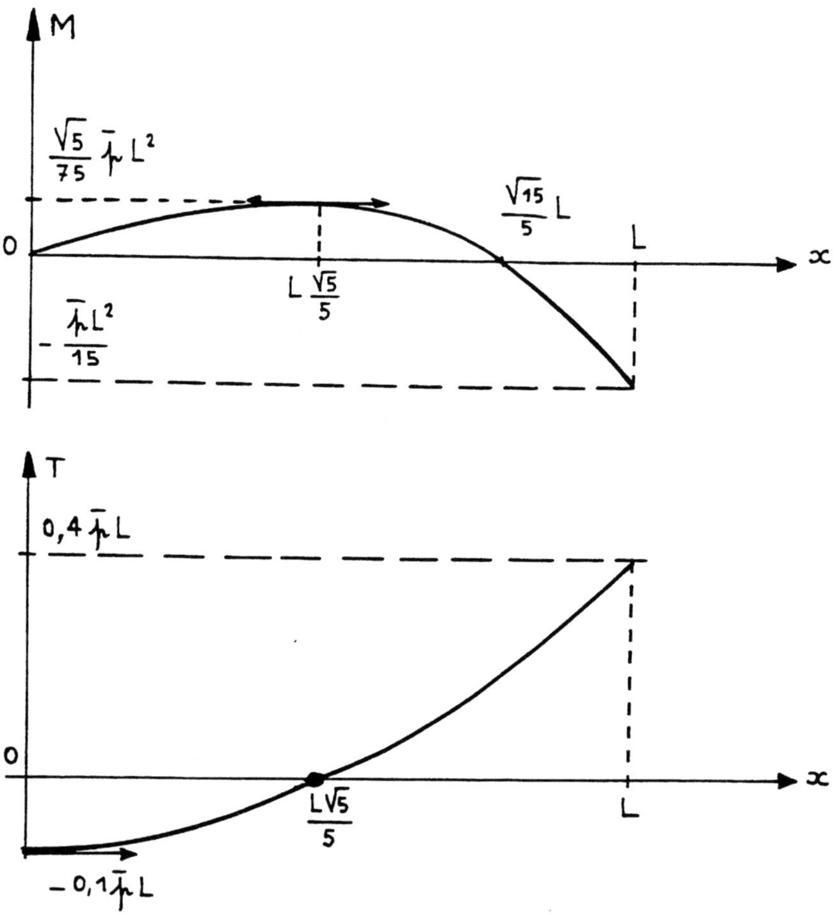
M
√5/75 p̄ L²
√15/5 L
0
L
x
L √5/5
- p̄L²/15
T
0,4 p̄ L
0
x
L√5/5
L
- 0,1 p̄ L

Exercice II.3.14 : POUTRE SUR 3 APPUIS DONT 2 ELASTIQUES

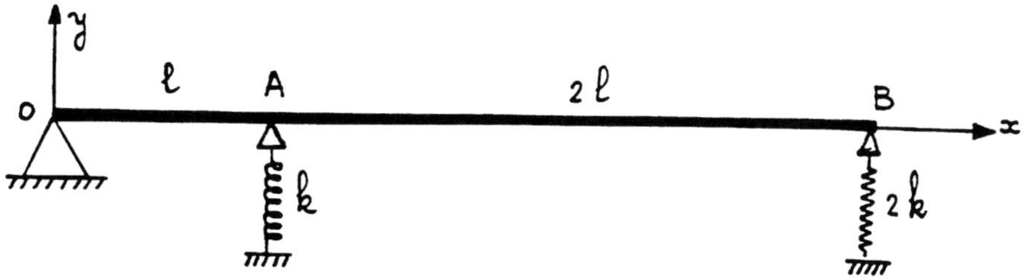

La poutre de longueur 3ℓ est soumise à son propre poids $P = 3p\ell$

Le ressort A a pour raideur k et le ressort B a pour raideur $2k$.

Calculer les réactions R_O, R_A, R_B

- SOLUTION PROPOSEE -

Les équations d'équilibre sont :
$$\begin{cases} R_O + R_A + R_B = P \\ \ell R_A + 3\ell R_B = \frac{3}{2} P\ell \end{cases}$$

Gardons R_O comme inconnue hyperstatique :
$$\begin{cases} R_A = \frac{3P}{4} - \frac{3R_O}{2} \\ R_B = \frac{P}{4} - \frac{R_O}{2} \end{cases}$$

D'autre part, par définition de la raideur, on a :

$$R_A = -k\,v_A \quad \text{et} \quad R_B = -2k\,v_B$$

Cherchons l'équation de la déformée. On a :

$$\begin{cases} \text{entre } O \text{ et } A : & M = xR_O - p\frac{x^2}{2} \\ \text{entre } A \text{ et } B : & M = xR_O - p\frac{x^2}{2} + R_A(x-\ell) \end{cases}$$

$$EI.v_1'' = R_O x - p\frac{x^2}{2} \Rightarrow EI.v_1' = R_O\frac{x^2}{2} - p\frac{x^3}{6} + k_1$$

$$\Rightarrow EI\,v_1 = R_O\frac{x^3}{6} - p\frac{x^4}{24} + k_1 x$$

$$EI.v_2'' = R_O x - p\frac{x^2}{2} + R_A(x-\ell) \Rightarrow EI v_2' = R_O\frac{x^2}{2} - p\frac{x^3}{6} + \frac{R_A}{2}(x-\ell)^2 + k_2$$

$$EI.v_2 = R_O\frac{x^3}{6} - p\frac{x^4}{24} + \frac{R_A}{6}(x-\ell)^3 + k_2 x + k_2'.$$

La continuité de v' en A donne $k_1 = k_2$

La continuité de v' en A donne $k'_2 = 0$

De plus

$$\left.\begin{aligned} EI.v_A &= -\frac{R_A}{k} EI = R_0 \frac{\ell^3}{6} - p\frac{\ell^4}{24} + k_1 \ell \\ EI.v_B &= -\frac{R_B}{2k} EI = \frac{9}{2} R_0 \ell^3 - \frac{27}{8} p \ell^4 + \frac{4}{3} R_A \ell^3 + 3 k_1 \ell \end{aligned}\right\}$$

Remplaçons R_A et R_B par leurs valeurs dans ces équations : nous obtenons :

$$\left\{\begin{aligned} & -3\frac{EI}{k}\left(\frac{P}{4} - \frac{R_0}{2}\right) = R_0 \frac{\ell^3}{6} - \frac{P\ell^3}{72} + k_1 \ell \\ & -\frac{EI}{2k}\left(\frac{P}{4} + \frac{R_0}{2}\right) = \frac{9}{2} R_0 \ell^3 - \frac{27}{24} P\ell^3 + \frac{4}{3}\ell^3\left(\frac{3P}{4} - \frac{3R_0}{2}\right) + 3k_1\ell \end{aligned}\right.$$

qui sont deux équations à deux inconnues R_0 et k_1 :

On en tire :

$$R_0 = \frac{51\, EI + 2\, k\ell^3}{114\, EI + 48\, k\ell^3} P$$

$$R_A = \frac{3\, EI + 11\, k\ell^3}{38\, EI + 16\, k\ell^3} P$$

$$R_B = \frac{54\, EI + 13\, k\ell^3}{114\, EI + 48\, k\ell^3} P$$

puis v_A et v_B, k_1 et la déformée (ou flèche $v(x)$).

Exercice II.3.15 : FLEXION PLANE D'UNE POUTRE CIRCULAIRE

On considère une poutre plane dont la ligne moyenne est un quart de cercle de rayon R . Cette poutre est encastrée en O et il s'exerce en A une force $\vec{F}(F_1, F_2, 0)$. On prendra le point A comme origine de l'abscisse curviligne. Le repère local utilisé sera celui représenté sur la figure ci-dessous.

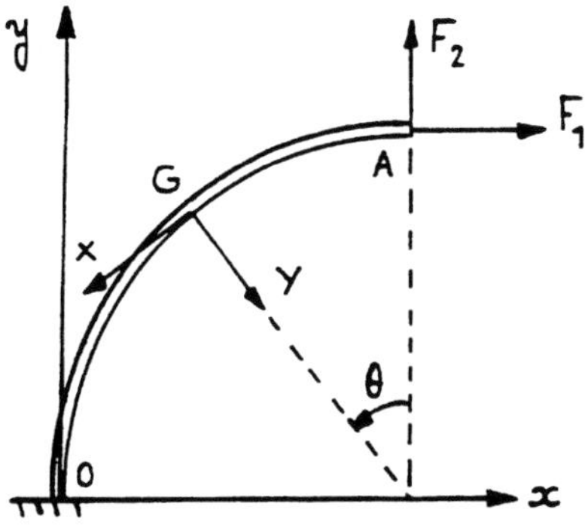

1) Déterminer les composantes du visseur pour une section droite.

2) Déterminer les composantes u_A et v_A du déplacement du point A , et la rotation de la section droite en A . (On négligera pour ce calcul la contribution de l'effort normal et de l'effort tranchant).

- <u>SOLUTION PROPOSEE</u> -

. Les composantes du visseur s'écrivent :

$$\begin{cases} N = F_1 \cos\theta + F_2 \sin\theta \\ T = F_2 \cos\theta - F_1 \sin\theta \\ M = -F_2 R \sin\theta + F_1 R(1-\cos\theta) \end{cases}$$

. On obtient les composantes du déplacement du point A et de la rotation de la section droite en utilisant le théorème de Castigliano.

. Rotation de la section droite A :

$$\omega_0 = \omega_A + \int_A^0 \frac{M}{EI}\, ds$$

$$\omega_0 = 0 \quad \text{d'où :} \quad \omega_A = \frac{R^2}{EI}\left(F_2 + F_1\left(1 - \frac{\pi}{2}\right)\right)$$

. Déplacement du point A .

$$u_A = -\frac{F_2}{2EI} R^3 + \frac{F_1}{EI} R^3\left(\frac{3\pi}{4} - 2\right) = \frac{R^3}{2EI}(0{,}71\, F_1 - F_2)$$

$$v_A = \frac{R^3}{EI}\left(F_2 \frac{\pi}{4} - \frac{F_1}{2}\right) = \frac{R^3}{2EI}(1{,}57\, F_2 - F_1)$$

Exercice II.3.16 : FLEXION PLANE D'UNE POUTRE CIRCULAIRE

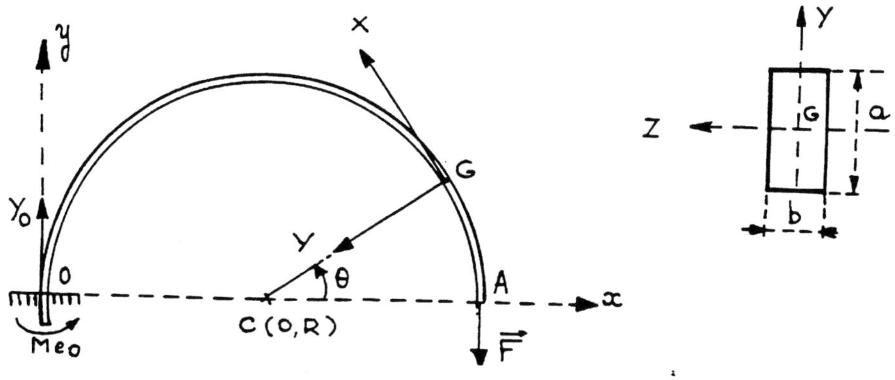

(xoy) est plan moyen de la poutre, de ligne moyenne hémicirculaire ; la section droite, uniforme, est un rectangle (a, b).

On applique $\vec{F}(0, -F, 0)$ en A .

- Déterminer le visseur sur (S) d'angle polaire θ
- Calculer σ_x et en déduire l'axe neutre sur S
- Calculer les composantes U et V du déplacement de G (suivant $X'X$ et $Y'Y$) ainsi que la notation ω subie par S . On négligera les déformations dues à T devant celles dues à N et M .
- Donner les valeurs de U , V , ω en A .

- <u>SOLUTIONS PROPOSEES</u> -

- Le problème étant plan, on a $T_z = 0 = M_x = M_y = M^t$
  D'autre part, les efforts de liaison en O , valent :

$$X_o = 0 \ , \quad Y_o = F \ , \quad M_{eo} = 2FR$$

D'où le visseur en G (sur S) :

$$T = T_y = -F\sin\theta \ ; \ N = F\cos\theta \ ; \ M = M_z = FR(1-\cos\theta)$$

- On en déduit sur S , en P (Y, Z) : $\sigma_x = \frac{N}{S} - \frac{M}{I} Y$
  avec $S = ab$ et $I = \frac{1}{12} a^3 b$ c'est-à-dire :

$$\sigma_x = \frac{F\cos\theta}{ab} - \frac{12\,FR}{a^3 b}(1-\cos\theta) \cdot Y$$

L'axe neutre de (S), caractérisé par $\sigma_x = 0$ est donc la droite de (S) d'équation : $Y = \dfrac{a^2}{12R} \dfrac{\cos\theta}{1-\cos\theta}$

- Pour calculer U, V et $\omega = \omega_z$, on dispose des équations :

$$\frac{d^2V}{d\theta^2} + V = \frac{MR^2}{EI} - \frac{NR}{ES} \; ; \; \frac{dU}{d\theta} = V + \frac{RN}{ES} \; ; \; \omega = \frac{1}{R}\left(U + \frac{dV}{d\theta}\right)$$

L'intégration de la 1ère équation donne :

$$V = A\cos\theta + B\sin\theta + \frac{FR^3}{EI}\left(1 - \frac{1}{2}\theta\sin\theta\right) - \frac{FR}{2ES}\theta\sin\theta.$$

La condition $V(\pi) = 0$ donne : $A = \dfrac{FR_3}{EI}$

L'intégration de la seconde donne alors :

$$U(\theta) = \left(\frac{FR^3}{2EI} - \frac{FR}{2ES}\right)\sin\theta - B\cos\theta + \frac{FR^3}{EI}\theta + \left(\frac{FR^3}{2EI} + \frac{FR}{2ES}\right)\theta\cos\theta + C$$

La condition $U(\pi) = 0$ donne : $B + C = \dfrac{\pi FR}{2E}\left(\dfrac{1}{S} - \dfrac{R^2}{I}\right)$

La troisième équation donne :

$$\omega = -\frac{F}{E}\left(\frac{R^2}{I} + \frac{1}{S}\right)\sin\theta + \frac{FR^2}{EI}\theta + \frac{C}{R}$$

La condition $\omega(\pi) = 0$ donne : $C = -\pi\dfrac{FR^3}{EI}$

D'où finalement : $B = \dfrac{\pi FR^3}{2EI} + \dfrac{\pi FR}{2ES}$ et :

$$\begin{cases} U = \left(\dfrac{FR^3}{2EI} - \dfrac{FR}{2ES}\right)\sin\theta - \left(\dfrac{FR^3}{2EI} + \dfrac{FR}{2ES}\right)(\pi-\theta)\cos\theta - \dfrac{FR^3}{EI}(\pi-\theta) \\ V = \dfrac{FR^3}{EI}(1+\cos\theta) + \left(\dfrac{FR^3}{2EI} + \dfrac{FR}{2ES}\right)(\pi-\theta)\sin\theta \\ \omega = -\dfrac{FR^3}{EI}(\pi-\theta) - \left(\dfrac{FR^2}{EI} + \dfrac{F}{ES}\right)\sin\theta \end{cases}$$

En A :

$$\begin{cases} U_A = -\dfrac{\pi}{2}\dfrac{FR}{E}\left(3\dfrac{R^2}{I} + \dfrac{1}{S}\right) \\ V_A = \dfrac{2FR^3}{EI} \\ \omega_A = -\pi\dfrac{FR^2}{EI} \end{cases}$$

Le terme $\dfrac{1}{S}$ (dû à N) est négligeable devant $3\dfrac{R^2}{I}$ (dû à M_f) car le rapport vaut :

$$3R^2\frac{S}{I} = 36\frac{R^2}{a^2}$$

Exercice II.3.17 : POUTRE POSEE SUR UN SOL ELASTIQUE

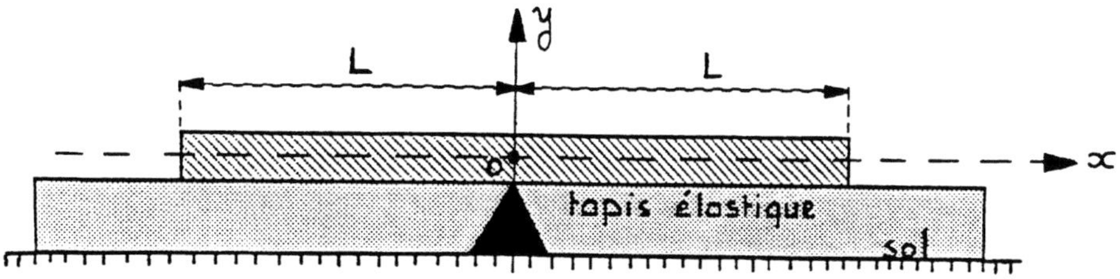

Une poutre prismatique de longueur $2L$ est simplement appuyée suivant sa section médiane et repose sur un tapis épais en caoutchouc ; elle est soumise à son propre poids $P = 2pL$

Sur une tranche (dx) la réaction du tapis est :

$r\,dx = -k\,v(x)\,dx$ où k est un coefficient de raideur et v la flèche prise par la tranche.

Calculer cette flèche: $v(x)$. En déduire $v(L)$.
Examiner le cas où la poutre est très longue ($L \to \infty$).

- SOLUTION PROPOSEE -

L'équilibre des forces suivant $y'y$ s'écrit :

$-p - k\,v + \dfrac{dT}{dx} = 0$, soit avec $T = -\dfrac{dM}{dx}$

$p + k\,v + \dfrac{d^2M}{dx^2} = 0$; enfin, avec $M = EI\,\dfrac{d^2v}{dx^2}$

$EI\,\dfrac{d^4v}{dx^4} + kv = -p$; posons $\alpha = \sqrt[4]{\dfrac{k}{4EI}}$

La solution générale de l'équation complète est :

$$v(x) = A\,\mathrm{ch}\,\alpha x\cos\alpha x + B\,\mathrm{ch}\,\alpha x\sin\alpha x + C\,\mathrm{sh}\,\alpha x\cos\alpha x + D\,\mathrm{sh}\,\alpha x\sin\alpha x - \frac{p}{k}$$

Conditions de liaison et aux limites :

1) $x = 0 \Longrightarrow v = 0 \Longrightarrow A = \frac{p}{k}$

2) $x = 0 \Longrightarrow v' = 0 \Longrightarrow B + C = 0$

3) $x = L \Longrightarrow M = 0 \Longrightarrow v''_{(L)} = 0 \Longrightarrow$

$$-A\, sh\alpha L . \sin\alpha L + B\, sh\alpha L . \cos\alpha L - C\, ch\alpha L . \sin\alpha L + D\, ch\alpha L . \cos\alpha L = 0$$

4) $x = L \Longrightarrow T = 0 \Longrightarrow v'''(L) = 0 \Longrightarrow$

$$-A(ch\alpha L . \sin\alpha L + sh\alpha L . \cos\alpha L) + B(ch\alpha L . \cos\alpha L - sh\alpha L . \sin\alpha L)$$

$$-C(sh\alpha L . \sin\alpha L + ch\alpha L . \cos\alpha L) + D(sh\alpha L . \cos\alpha L - ch\alpha L . \sin\alpha L) = 0$$

On en déduit : $B = \dfrac{\cos\alpha L \sin\alpha L + ch\alpha L\, sh\alpha L}{\cos^2\alpha L + ch^2\alpha L} \dfrac{p}{k} = -C$

$$D = -\frac{sh^2\alpha L + \sin^2\alpha L}{\cos^2\alpha L + ch^2\alpha L} \frac{p}{k}$$

On trouve en particulier la flèche à l'extrémité :

$$v(L) = -\frac{p}{k}\left(2 - \frac{(\cos\alpha L + ch\alpha L)^2}{\cos^2\alpha L + ch^2\alpha L}\right)$$

Si

$$L \longrightarrow \infty \qquad ch\alpha L \sim sh\alpha L \sim \frac{1}{2} e^{\alpha L}$$

On a alors $\frac{p}{k} = A \simeq B \simeq -C \simeq -D$ d'où :

$$v(x) \simeq \frac{p}{k}(ch\alpha x . \cos\alpha x + ch\alpha x . \sin\alpha x - sh\alpha x . \cos\alpha x - sh\alpha x . \sin\alpha x - 1)$$

$$v(L) \simeq -\frac{p}{k}$$

Exercice II.3.18 : FLEXION PLANE D'UN SYSTEME DE DEUX POUTRES

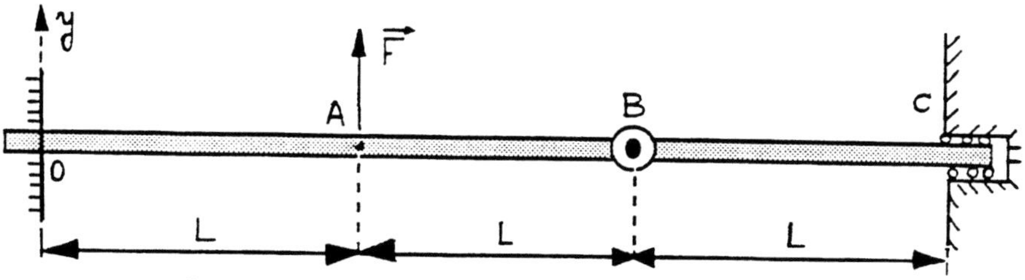

E, I, S = constants , B = pivot d'axe $/\!/ z'z$

chargement : force $\vec{F} /\!/ y'y$

(xoy) : plan de symétrie de la structure.

- Déterminer les efforts de liaison.
- Déterminer la flèche $v(x)$
- Donner $v(A)$, $v(B)$, $\omega_z(2L-0)$, $\omega_z(2L+0)$

- <u>SOLUTION PROPOSEE</u> -

- Equilibre global de la structure :

$$R_0 + R_C = -F, \quad 3LR_C + M_0 + M_C = -FL$$

(M_0 et M_C désignent les moments d'encastrement).

Ajoutons la condition de nullité du moment fléchissant en B :

$$M_C + LR_C = 0$$

La structure est donc extérieurement hyperstatique de degré un. Prenons R_C comme inconnue hyperstatique.

- Expression du visseur :

$$\begin{cases} T = T_y = F + R_C, & \text{si } 0 < x < L \\ T = R_C & \text{si } L < x < 3L \end{cases}$$

$$\begin{cases} M = M_z = F(L-x) + R_C(3L-x) + M_C & \text{si } 0 < x < L \\ M = R_C(3L-x) + M_C & \text{si } L < x < 3L \end{cases}$$

On calcule la flèche par intégration de l'équation

$$EI \frac{d^2v}{dx^2} = M$$

- sur OA :
$$EI\,v'' = (F+2R_c)L - (F+R_c)x$$
$$EI\,v' = (F+2R_c)Lx - (F+R_c)\frac{x^2}{2}$$
$$EI\,v = (F+2R_c)L\frac{x^2}{2} - (F+R_c)\frac{x^3}{6}$$

$$\Rightarrow \begin{cases} v'(L).EI = \dfrac{FL^2}{2} + \dfrac{3}{2}R_cL^2 \\ v(L).EI = \dfrac{FL^3}{3} + \dfrac{5}{6}R_cL^3 \end{cases}$$

- sur AB :
$$EI\,v'' = R_c(2L-x)$$
$$EI\,v' = R_c\left(2Lx - \frac{x^2}{2}\right) + \frac{FL^2}{2}$$
$$EI\,v = R_c\left(Lx^2 - \frac{x^3}{6}\right) + \frac{FL^2}{2}x - \frac{1}{6}FL^3$$

$$\Rightarrow \begin{cases} EI\,v'(2L) = \dfrac{FL^2}{2} + 2R_cL^2 \\ EI\,v(2L) = \dfrac{8}{3}R_cL^3 + \dfrac{5}{6}FL^3 \end{cases}$$

- sur BC :
$$EI\,v'' = R_c(2L-x)$$
$$EI\,v' = R_c\left(2Lx - \frac{x^2}{2}\right) - \frac{3}{2}R_cL^2$$
$$EI\,v = R_c\left(Lx^2 - \frac{x^3}{6} - \frac{3}{2}L^2x\right)$$
$$\Rightarrow EI\,v(2L) = -\frac{1}{3}R_cL^3$$

En égalant les deux expressions précédentes de $v(2L)$, On obtient :
$R_c = -\frac{5F}{18}$, d'où $R_o = -\frac{13}{18}F$, $M_c = \frac{5}{18}FL$, $M_o = -\frac{4}{9}FL$

- Enfin, en remplaçant les efforts de liaison par leurs valeurs ci-dessus :

$$(OA)\begin{cases} T = \dfrac{13}{18}F \\ M = \dfrac{F}{18}(8L-13x) \\ \omega = \dfrac{Fx}{36EI}(16L-13x) \\ v = \dfrac{Fx^2}{108EI}(24L-13x) \\ \omega_A = \dfrac{FL^2}{12EI}\ ;\ v_A = \dfrac{11}{108}\dfrac{FL^3}{EI} \end{cases}$$

$$(AB)\begin{cases} T = -\dfrac{5}{18}F \\ M = -\dfrac{5}{18}F(2L-x) \\ \omega = \dfrac{F}{36EI}(5x^2-20Lx+18L^2) \\ v = \dfrac{F}{108EI}(5x^3-30Lx^2+54L^2x-18L^3) \\ \omega_B = -\dfrac{FL^2}{18EI}\ ;\ v_A = \dfrac{11}{108}\dfrac{FL^3}{EI} \end{cases}$$

$$(BC)\begin{cases} T = -\dfrac{5}{18}F\ ;\ M = \dfrac{-5}{18}F(2L-x)\ ;\ \omega(B+) = \dfrac{5FL^2}{36EI} \\ \omega = -\dfrac{5F}{36EI}(x^2-4Lx+3L^2)\ ;\ v = \dfrac{5}{108}\dfrac{Fx}{EI}(x^2-6Lx+9L^2) \end{cases}$$

Exercice II.3.19 : CINTRAGE D'UNE POUTRE TRES LONGUE
(flexion pure en grands déplacements)

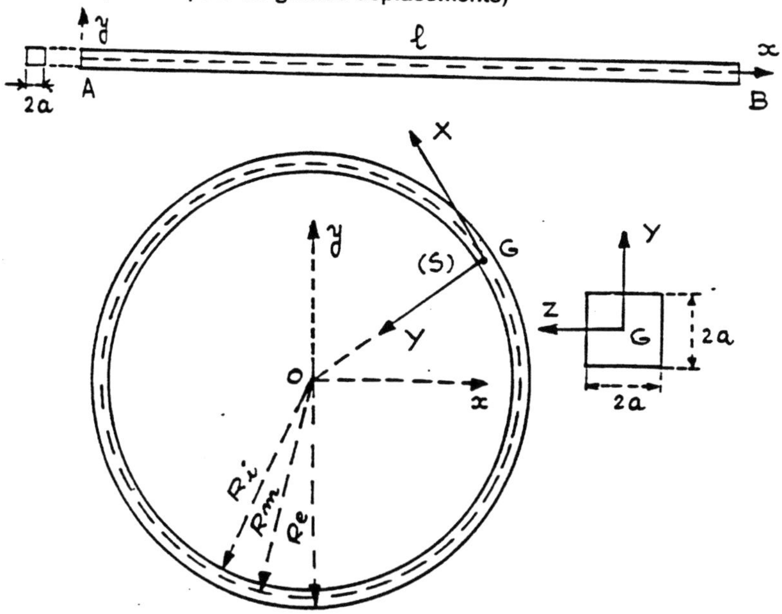

On considère une poutre rectiligne de longueur $\ell = 20\,m$, de section carrée (côté $2a = 1\,cm$), à plan moyen xoy, en plexiglas ($E = 2{,}90.10^9\,Pa$, $\nu = 0{,}40$).

On la déforme, dans son plan xoy, pour en faire un anneau circulaire, soudant les extrémités A et B .

Dans la section droite courante (S) de l'anneau :

1) Montrer que parmi les 6 composantes du visseur, soit N , T_Y , T_Z , U , M_Y, M_Z , une seule est non nulle. Laquelle ?

2) Calculer le champ $\varepsilon_X(Y,Z)$ des dilatations linéiques relatives, au point courant P de la section droite, de coordonnées Y,Z.

3) Calculer le champ des contraintes $\sigma_X(Y,Z)$

4) Calculer le moment de flexion M_Z (algébrique)

5) Les hypothèses suivantes sont-elles satisfaites :
petites déformations ? petits déplacements ?

6) Calculer numériquement : M_Z, $|\varepsilon_X|_{max}$, $|\sigma_X|_{max}$

- SOLUTIONS PROPOSEES -

1) Les équations d'équilibre des poutres planes donnent ici puisque le problème est indépendant de s (abscisse curviligne de G) :

$$T_n = T_y = 0 \ , \quad N = 0 \ , \quad M_n = M_y = 0 \ , \qquad R T_b = R T_z = M_x$$

Ensuite, la symétrie du problème par rapport au plan (xoy) donne $T_z = 0$, d'où $M_x = 0$

Seul M_z est non nul.

2) L'effort normal N étant nul, la fibre moyenne est fibre neutre; elle ne subit ni contrainte ni dilatation.

Le cercle moyen a pour rayon R_m tel que $\ell = 2\pi R_m$

Le cercle intérieur a pour rayon $R_i = R_m - a$ et le cercle extérieur $R_e = R_m + a$.

Les fibres intérieures ont donc subi la dilatation linéaire relative:

$$\varepsilon_i = \frac{2\pi R_i - 2\pi R_m}{2\pi R_m} = \frac{R_i - R_m}{R_m} = -\frac{2\pi a}{\ell} = -1{,}57.10^{-3}$$

Pour les fibres extérieures :

$$\varepsilon_e = \frac{2\pi R_e - 2\pi R_m}{2\pi R_m} = \frac{R_e - R_m}{R_m} = \frac{2\pi a}{\ell} = -\varepsilon_i = 1{,}57.10^{-3}$$

Au point courant $P(Y, Z)$:

$$\varepsilon = \varepsilon_x = -2\pi \frac{Y}{\ell}$$

3) Contrainte en P: $\sigma = \sigma_x = E\, \varepsilon_x = -2\pi E \dfrac{Y}{\ell} = -\dfrac{M}{I} Y$

4) Moment de flexion :

avec $I = \dfrac{4}{3} a^4$ $\qquad M = \dfrac{8\pi}{3} \dfrac{E a^4}{\ell}$

5) On est en petites déformations puisque $|\varepsilon| \ll 1$

On n'est pas en petits déplacements.

6) <u>Application numérique</u>

$$M = \frac{8\pi}{3} \; \frac{2{,}9 .10^{9}\, 0{,}5 \,.\, 10^{-8}}{20} = \frac{8.\pi.2{,}9}{3.2.2^{4}} = \frac{\pi.2{,}9}{3.4} = 0{,}759 \text{ N.m}$$

$$\varepsilon_{max} = 1{,}57.10^{-3} \qquad \sigma_{max} = 4{,}55.10^{6}\text{ Pa}$$

CHAPITRE IV

TORSION DES POUTRES

Exercice II.4.1 : COMPARAISON ENTRE ARBRE CREUX ET ARBRE PLEIN

Comparer les poids d'un arbre creux et d'un arbre plein, de même longueur L , faits d'un même matériaux.

1) à égalité de contrainte maximale

2) à égalité de déformation (rotation relative des sections extrêmes)

On note R le rayon de l'arbre plein, R_i et R_e les rayons de l'arbre creux, avec $\rho = \frac{R_i}{R_e}$; on note P_c et P_P les poids de ces arbres.

Application numérique pour $\rho = 0,6$.

- SOLUTION PROPOSEE -

1) $P_P = \pi R^2 L m$

$P_c = \pi (R_e^2 - R_i^2) L m$

m = poids volumique.

$$\frac{P_c}{P_P} = \frac{R_e^2 (1 - \rho^2)}{R^2}$$

$$(\tau_P)_{max} = \frac{M^t R}{J_P} = \frac{M^t 2}{\pi R^3}$$

M^t = moment de torsion

$J_P = \frac{\pi R^4}{2}$ (moment quadratique polaire)

$$(\tau_c)_{max} = \frac{M^t R_e 2}{\pi R_e^4 (1 - \rho^4)} = \frac{M^t R_e}{J_c} \quad ; \quad J_c = \frac{\pi}{2} (R_e^4 - R_i^4)$$

L'égalité $(\tau_P)_{max} = (\tau_c)_{max}$ implique : $R^3 = R_e^3 (1 - \rho^4)$

$$\Rightarrow \frac{P_c}{P_P} = \frac{R_e^2 (1 - \rho^2)}{R^2} = \frac{1 - \rho^2}{(1 - \rho^4)^{2/3}} = 0,702$$

2) $\dfrac{\omega}{L} = \dfrac{M^t}{GJ}$, ω désignant la rotation relative des sections extrêmes.

L'égalité $\omega_c = \omega_p$ implique $J_P = J_c$ soit

$$R^4 = Re^4(1-\rho^4) \text{ soit } R_e = R(1-\rho^4)^{-\frac{1}{4}}$$

On en déduit :

$$\frac{P_c}{P_p} = \frac{Re^2(1-\rho^2)}{R^2} = \frac{1-\rho^2}{\sqrt{1-\rho^4}} = \sqrt{\frac{1-\rho^2}{1+\rho^2}} = 0{,}686$$

Exercice II.4.2 : DIMENSIONNEMENT D'UN ARBRE DE TRANSMISSION

L'arbre est cylindrique de révolution, plein, de longueur L , de rayon R , de module d'élasticité transversal G ; la contrainte de rupture en cisaillement est τ_R ; on note k le coefficient de sécurité, $\mathcal{P}$ la puissance maximale transmise au régime de n tours/mn.

- Déterminer le rayon R et la rotation relative des sections extrêmes
- effectuer les applications numériques dans les deux cas suivants :

(1) $L = 3$ m; $G = 90.10^9$ Pa ; $\mathcal{P} = 300$ CH ; $n = 3000$ tr / mn ;
$\tau_R = 25.10^7$ Pa ; $k = 5$

(2) $L = 3$ m; $G = 90.10^9$ Pa ; $\mathcal{P} = 500$ CH ; $n = 600$ tr/mn;
$\tau_R = 25.10^7$ Pa ; $k = 5$.

- SOLUTION PROPOSEE -

On a $\tau_{max} = \dfrac{M^t}{J} R$ avec $\begin{cases} M^t = \dfrac{\mathcal{P}}{\dot{\varphi}} & (m.N) \\ J = \dfrac{\pi R^4}{2} & (m^4) \\ \dot{\varphi} = n \dfrac{\pi}{30} & (rad/s) \end{cases}$

$$\Rightarrow \tau_{max} = \frac{\mathcal{P}.30.2}{n \pi^2 R^3} = \frac{\tau_R}{k}$$

$$\Rightarrow R^3 = \frac{60 k \mathcal{P}}{n \pi^2 \tau_R} \Rightarrow R = \left(\frac{60 k \mathcal{P}}{n \pi^2 \tau_R}\right)^{\frac{1}{3}}$$

On a de plus : $\dfrac{\omega}{L} = \dfrac{M^t}{GJ}$ (ω = rotation relative des sections extrêmes).

$$\Longrightarrow \omega = \frac{60 \mathcal{P}.L}{\pi^2 n G R^4}$$

1ère application numérique : $\begin{cases} R = 20{,}76 \text{ mm (on prendra } R = 21 \text{ mm)} \\ \omega = 0{,}08 \text{ rad} = 4{,}6 \text{ degré} \end{cases}$

2ème application numérique $\begin{cases} R = 42{,}09 \text{ mm (on prendra } R = 42 \text{ mm)} \\ \omega = 0{,}04 \text{ rad} = 2{,}27 \text{ degré} \end{cases}$

Exercice II.4.3 : ARBRE DE TRANSMISSION SUR PALIERS

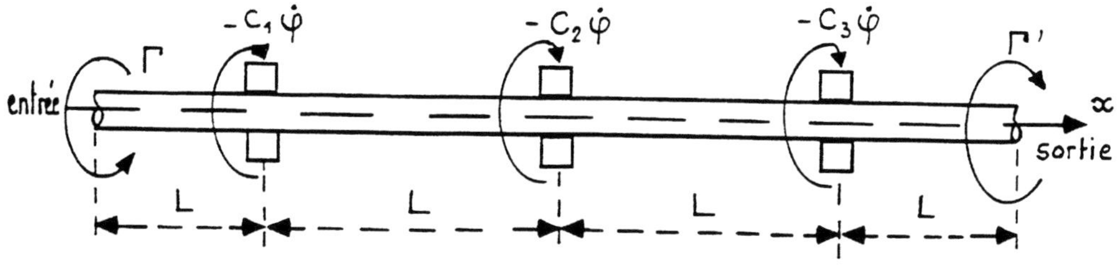

Un arbre de transmission de longueur $4L$ est guidé par 3 paliers d'abscisses L , $2L$, $3L$; il est soumis, sur la section ($x = 0$), à un couple moteur Γ ; à cause des frottements, les paliers appliquent des couples de torsion résistants $-C_1\dot\varphi$, $-C_2\dot\varphi$, $-C_3\dot\varphi$ où $\dot\varphi$ désigne la vitesse de rotation.

On demande le diagramme du moment de torsion et la valeur du couple disponible (ou couple résistant) en bout d'arbre ($x = 4L$) puis le rendement ρ de l'arbre, rapport des puissances disponibles sortie/entrée.

- <u>SOLUTION PROPOSEE</u> -

- sur $[0, L[$, on a : $M^t = -\Gamma$
- sur $]L, 2L[$, on a : $M^t = -\Gamma + C_1\dot\varphi$
- sur $]2L, 3L[$, on a : $M^t = -\Gamma + C_1\dot\varphi + C_2\dot\varphi$
- sur $]3L, 4L[$, on a : $M^t = -\Gamma + C_1\dot\varphi + C_2\dot\varphi + C_3\dot\varphi = \Gamma'$

D'où Γ' et le diagramme.

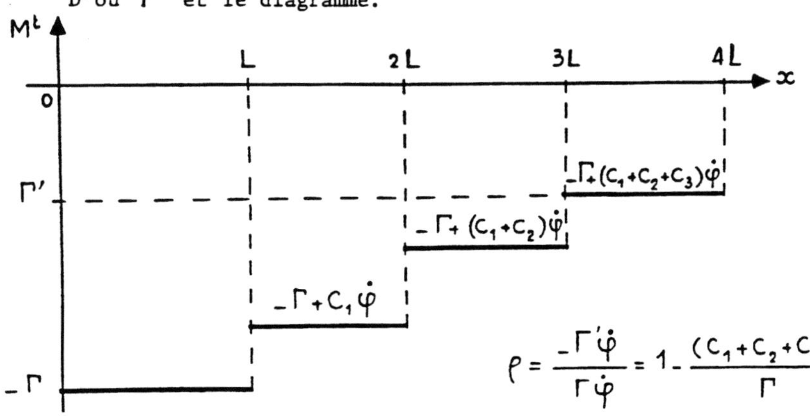

$$\rho = \frac{-\Gamma'\dot\varphi}{\Gamma\dot\varphi} = 1 - \frac{(C_1+C_2+C_3)\dot\varphi}{\Gamma}$$

Exercice II.4.4 : MESURE DU MODULE D'ELASTICITE TRANSVERSAL A L'AIDE D'UN PENDULE DE TORSION

On considère un pendule de torsion constitué d'un fil homogène élastique, de section circulaire de rayon R_1 , de longueur ℓ . A ce fil est suspendu un disque homogène de rayon R_2 de masse M

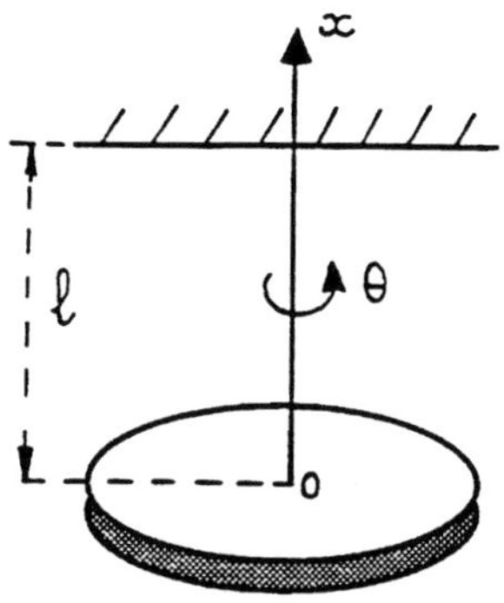

On demande d'exprimer le module de cisaillement G du matériau constituant le fil en fonction de la période T du pendule. (On négligera l'inertie du fil devant celle du disque).

- SOLUTION PROPOSEE -

. Moment d'inertie du disque suivant l'axe Ox : $I_x = \dfrac{M(R_2)^2}{2}$

. Moment quadratique polaire du fil : $I_0 = \dfrac{\pi R_1^4}{2} = J$

Puisque le fil a une section circulaire, la rigidité de torsion GJ du fil vaut GI_0.

L'équation du mouvement du disque s'écrit :

$$I_x \frac{d^2\theta}{dt^2} + GI_0 \frac{\theta}{\ell} = 0$$

La période du mouvement vaut : $T = 2\pi \sqrt{\dfrac{I_x \ell}{G I_0}}$

d'où $G = \dfrac{4\pi^2 I_x \ell}{T^2 I_0} = \dfrac{8\pi I_x \ell}{R_1^4 T^2}$

Exercice II.4.5 : TORSION D'UNE POUTRE PRISMATIQUE BI-ENCASTREE

On considère une poutre AB de ligne moyenne rectiligne, à plan moyen, de section droite uniforme, encastrée à ses extrémités et soumise sur une section S_C à un couple de torsion Γ .

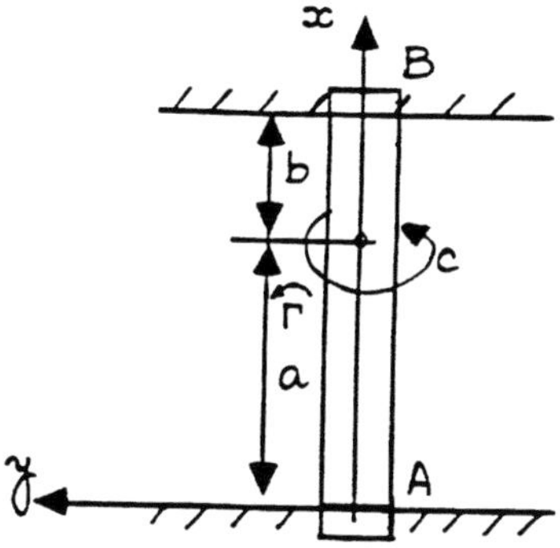

On demande de déterminer :

1/ Les réactions d'appui en A et B

2/ La valeur ω de la rotation de la section C .

GJ : rigidité de torsion. Ox = axe de torsion

- SOLUTION PROPOSEE -

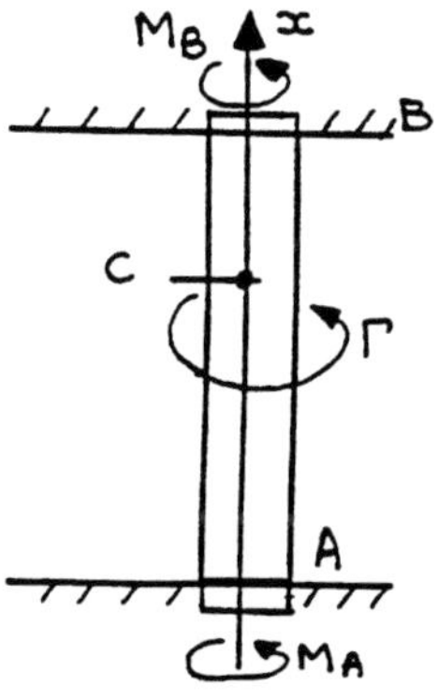

Soit M_A , M_B les composantes non nulles des moments d'encastrement en A et B .

Les équations d'équilibre se réduisent à :

$$M_A + M_B + \Gamma = 0$$

Le problème est hyperstatique d'ordre 1 .

Prenons M_B comme inconnue hyperstatique.

Les composantes du visseur valent :

$$x < a \qquad M^t = \Gamma + M_B$$

$$x > a \qquad M^t = M_B$$

L'énergie élastique emmagasinnée par la poutre a pour valeur:

$$W = \frac{1}{2GJ}\left[(M_B + \Gamma)^2 a + M_B^2 b\right]$$

Ecrivons le théorème de Ménabrea :

$$\frac{\partial W}{\partial M_B} = 0 \qquad \text{soit} \qquad M_B = -\frac{\Gamma a}{a+b}$$

Pour trouver ω nous appliquons le théorème de Castigliano :

$$\omega = \frac{\partial W}{\partial \Gamma} = \frac{(M_B + \Gamma)a}{GJ} = \frac{\Gamma a b}{(a+b)GJ}$$

Exercice II.4.6 : ASSEMBLAGE, "EN PARALLELE", DE DEUX ARBRES DE TORSION

Soit une poutre de section circulaire constituée de deux matériaux élastiques comme il est indiqué sur la figure. Les matériaux sont parfaitement collés entre eux. On demande de déterminer la rigidité de torsion de cette poutre.

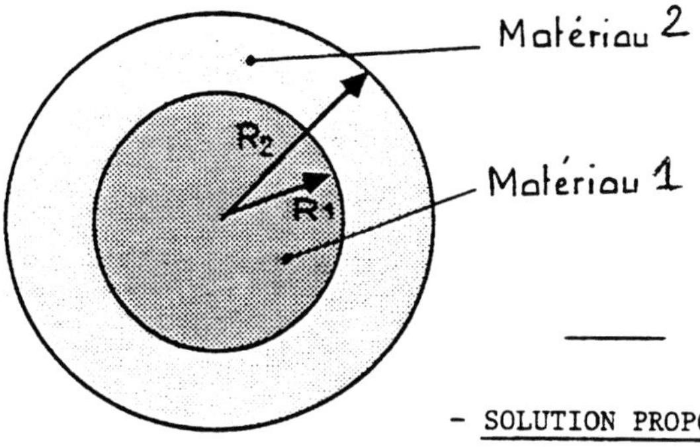

Module de Young E_1
Coefficient de Poisson ν_1

Module de Young E_2
Coefficient de Poisson ν_2

- SOLUTION PROPOSEE -

Les rigidités linéiques de torsion des poutres réalisées uniquement avec le matériau 1 ou le matériau 2 sont :

. Matériau 1 seul : $G_1 J_1 = G_1 \dfrac{\pi R_1^4}{2}$ avec $G_1 = \dfrac{E_1}{2(1+\nu_1)}$

. Matériau 2 seul : $G_2 J_2 = G_2 \dfrac{\pi}{2}(R_2^4 - R_1^4)$ avec $G_2 = \dfrac{E_2}{2(1+\nu_2)}$

Si GJ est la rigidité linéique de torsion de la poutre finale on doit avoir :

$$\frac{d\omega}{dx} = \frac{M^t}{GJ}$$

Le moment de torsion M^t se répartit en un moment de torsion M_1^t et un moment de torsion M_2^t relatifs aux poutres 1 et 2 :

$$M^t = M_1^t + M_2^t = G_1 J_1 \frac{d\omega}{dx} + G_2 J_2 \frac{d\omega}{dx}$$

d'où $$GJ = G_1 J_1 + G_2 J_2$$

et $$\frac{GJ}{L} = K^T = \frac{G_1 J_1 + G_2 J_2}{L}$$

(Rigidité de l'assemblage)

Exercice II.4.7 : ASSEMBLAGE EN SERIE DE DEUX POUTRES DE TORSION

Soit deux poutres ayant pour rigidités de torsion $G_1 J_1$ et $G_2 J_2$, et longueurs ℓ_1 , ℓ_2 , assemblées bout à bout.

Déterminer le coefficient de rigidité de torsion K_T de l'assemblage

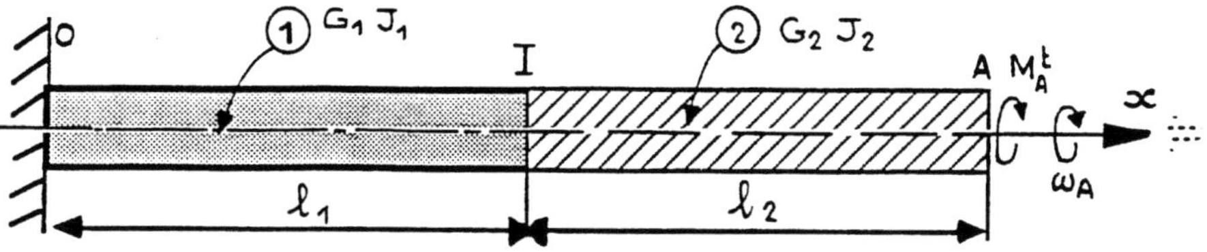

est l'axe de torsion commun.

- SOLUTION PROPOSEE -

Sur la poutre (1) il règne un moment de torsion uniforme égal à M_A^t.

La rotation ω_I de la section I vaut :

$$\omega_I = \frac{M_A^t}{G_1 J_1} \ell_1$$

Sur la poutre (2) le moment de torsion est aussi uniforme et vaut M_A^t.

La rotation de la section A vaut :

$$\omega_A - \omega_I = \frac{M_A^t}{G_2 J_2} \ell_2$$

Puisque $K_T = \dfrac{M_A^t}{\omega_A}$ on obtient : $K_T = \dfrac{1}{\dfrac{\ell_1}{G_1 J_1} + \dfrac{\ell_2}{G_2 J_2}}$

Exercice II.4.8 : RIGIDITES DE TORSION DE DIVERS PROFILS MINCES

On demande de déterminer et de comparer les rigidités de torsion relatives aux poutres dont les sections droites sont représentées sur les figures ci-dessous.

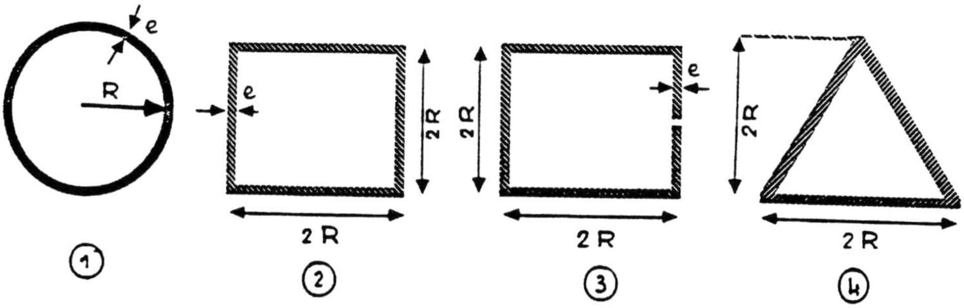

$R = 30$ mm $\quad e = 1$ mm

- SOLUTION PROPOSEE -

Les problèmes (1), (2) et (4) concernent des tubes fermés simples :

$$(GJ) = G\,\frac{4\,e\,A^2}{\ell}$$

d'où

$$(GJ)_1 = G\,2\,e\,\pi R^3 \quad \Rightarrow \quad J_1 = 169.10^3 \text{ mm}^4$$

$$(GJ)_2 = G\,8\,e\,R^3 \quad \Rightarrow \quad J_2 = 216.10^3 \text{ mm}^4$$

$$(GJ)_4 = G\,\frac{8\,e\,R^3}{1+\sqrt{5}} \quad \Rightarrow \quad J_4 = 66{,}7.10^3 \text{ mm}^4$$

Le problème (3) est relatif à un tube ouvert simple.

$$(GJ)_3 = G.\frac{1}{3}\,8\,R\,e^3 \Rightarrow J_3 = 80 \text{ mm}^4$$

$$J_3 \ll J_4 < J_1 < J_2$$

Exercice II.4.9 : TORSION D'UNE POUTRE BICAISSON

On considère la poutre représentée ci-dessous. Toutes les cloisons et parois de la section droite ont la même épaisseur e qui est faible devant les dimensions de la section.

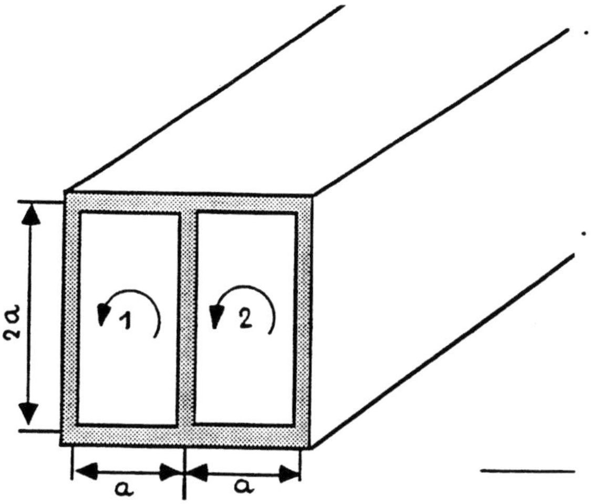

. Calculer la contrainte de cisaillement en tous points de la section sous l'effet d'un moment de torsion M^t

. Calculer la rigidité de torsion GJ

- SOLUTION PROPOSEE -

D'après le cours, chapitre IV, relatif à la torsion de tubes fermés cloisonnés :

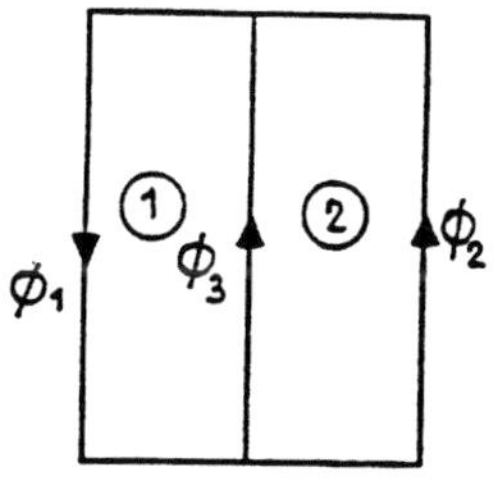

$$\frac{M^t}{J} = \frac{1}{4a_2}\left[4a\frac{\phi_1}{e} + 2\frac{(\phi_1-\phi_2)}{e}a\right]$$

$$\frac{M^t}{J} = \frac{1}{4a_2}\left[2a\frac{\phi_2-\phi_1}{e} + 4\frac{\phi_2}{e}a\right]$$

$$M^t = 2(\phi_1+\phi_2)\,2a^2$$

La résolution donne :

$$\phi_1 = \phi_2 = \frac{M^t}{8a^2}$$

$$\phi_3 = 0$$

et

$$J = 8a^3e$$

La cloison centrale n'a aucune influence ce qui est normal vu la symétrie de la section.

Exercice II.4.10 : RIGIDITE DE TORSION D'UN PROFIL MINCE FERME ET SIMPLEMENT CLOISONNE

On considère un tronçon de fuselage d'avion constitué d'une peau cylindrique de section circulaire de rayon R d'épaisseur e et d'un plancher d'épaisseur e soudé à la peau. (voir figure ci-dessous).

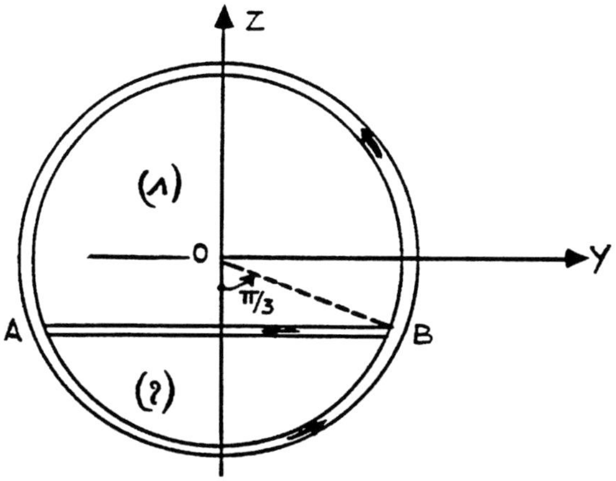

Ce tronçon constitue une poutre prismatique à paroi mince. Au cours d'une manoeuvre, la section droite est soumise à un moment de torsion M^t.

On demande de calculer :

- le vecteur cission sur toute section du profil
- la rigidité de torsion de la section.

On examinera le rôle joué par l'adjonction du plancher dans la rigidité de torsion de la section.

(On orientera les lignes médianes des tronçons comme il est indiqué sur la figure).

- SOLUTION PROPOSEE -

Ce problème est relatif à l'étude d'un tube fermé cloisonné.

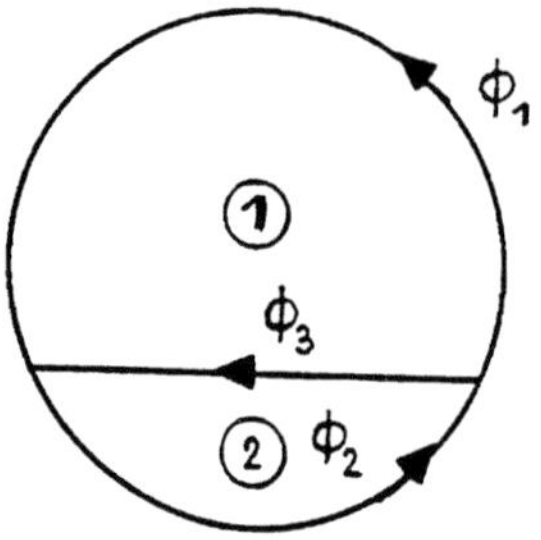

Soit Φ_1 , Φ_2 , Φ_3 les flux relatifs à chaque tronçon. A_1 et A_2 les aires correspondant aux cellules 1 et 2 représentées sur la figure.

$$A_1 = \left(\frac{2\pi}{3} + \frac{\sqrt{3}}{4}\right) R^2 = 2,5274\, R^2$$

$$A_2 = \pi R^2 - A_1 = 0,6142\, R^2$$

Les formules (27) chapitre IV s'écrivent :

$$M^t = 2 \quad (\Phi_1 A_1 + \Phi_2 A_2)$$

$$0 = \Phi_1 - \Phi_2 + \Phi_3$$

$$\frac{d\omega}{dx} = \frac{1}{2GA_1} \oint_{\Gamma_1} \tau\, dl = \frac{R}{2GA_1} \left[\frac{\Phi_1}{e} \frac{4\pi}{3} - \frac{\Phi_3}{e} \sqrt{3}\right]$$

$$= \frac{1}{2GA_2} \oint_{\Gamma_2} \tau\, dl = \frac{R}{2GA_2} \left[\frac{\Phi_2}{e} \frac{2\pi}{3} + \frac{\Phi_3}{e} \sqrt{3}\right]$$

d'où :

$$\Phi_1 = 0,1676 \frac{M^t}{R^2} \qquad \Phi_2 = 0,1250 \frac{M^t}{R^2} \qquad \Phi_3 = -\,0,0425 \frac{M^t}{R^2}$$

On peut alors calculer $\frac{d\omega}{dx}$ et donc GJ puisque

$$\frac{d\omega}{dx} = \frac{M^t}{GJ} \implies GJ = 6,52\, R^3 e\, G$$

Si on supprimait le plancher la rigidité de torsion vaudrait :

$$(GJ)_{sp} = 2\pi R^3 e\, G = 6,28\, R^3 e\, G$$

L'augmentation relative de la rigidité de torsion due au plancher est de 3 % .

Exercice II.4.11 : ETUDE EN TORSION D'UN PROFIL MINCE FERME ET SIMPLEMENT CLOISONNE

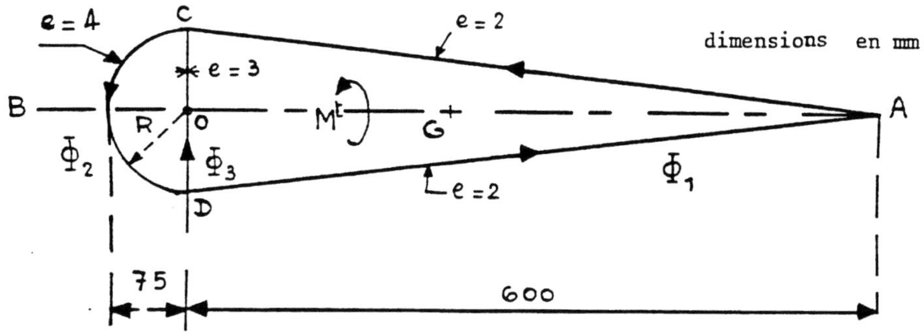

Le gouvernail de profondeur représenté ci-dessus en section plane, est soumis à un couple de torsion M^t

Calculer : - les flux de cisaillement Φ_1 , Φ_2, Φ_3
- la rigidité linéique de torsion GJ ($G = 26$ GPa)
- la rotation relative de deux sections distantes de 1 m pour un couple de 10^4 m.N.

- SOLUTION PROPOSEE -

Les flux seront comptés positivement dans le sens des flèches; on note (1) la cavité triangulaire et (2) la cavité demi-circulaire.

On a : $AC = AD = 605$ mm ; $A_1 = 45000$ mm²
$CD = 150$ mm ; $A_2 = 8836$ mm²
$\widehat{CBD} = 236$ mm et $\Phi_3 = \Phi_2 - \Phi_1$

Les équations (27) du tome II, chapitre 4, s'écrivent :

$$\begin{cases} \dfrac{d\omega}{dx} = \dfrac{M^t}{GJ} = \dfrac{1}{2GA_1}\left[2\,\dfrac{605}{2}\,\Phi_1 + \dfrac{150}{3}\left(\Phi_1 - \Phi_2\right)\right] \\[2ex] \dfrac{d\omega}{dx} = \dfrac{M^t}{GJ} = \dfrac{1}{2GA_2}\left[\dfrac{236}{4}\,\Phi_2 + \dfrac{150}{3}\left(\Phi_2 - \Phi_1\right)\right] \\[2ex] M^t = 2\left(\Phi_1 A_1 + \Phi_2 A_2\right) \end{cases}$$

La résolution donne :

$$\left.\begin{aligned} \Phi_1 &= 8{,}579\,M^t \\ \Phi_2 &= 12{,}896\,M^t \\ \Phi_3 &= 4{,}317\,M^t \end{aligned}\right\} \quad \Phi \text{ en Pa} \times m \text{ et } M^t \text{ en N.m.}$$

$$J = 18{,}09.10^{-6}\ m^4 = 18{,}09.10^6\ mm^4.$$

$$GJ = 26.10^9.18{,}09.10^{-6}\ \frac{m^2.N}{rad} = 470{,}4.10^3\ \frac{m^2.N}{rad}$$

La rotation relative de deux sections distantes de 1 m sous l'action d'un couple M^t de 10^4 mN est

$$\omega = \frac{M^t L}{GJ} \quad \text{avec} \quad \left\{\begin{aligned} M^t &= 10^4\ m.N \\ L &= 1\ m \\ GJ &= 470{,}4.10^3\ \frac{m^2 N}{rad} \end{aligned}\right.$$

$$\omega = 0{,}0213\ rad \qquad = 1{,}22\ \text{degré}$$

Exercice II.4.12 : TORSION PAR FLEXION ANTISYMETRIQUE D'UNE PAIRE DE POUTRES IDENTIQUES PARALLELES

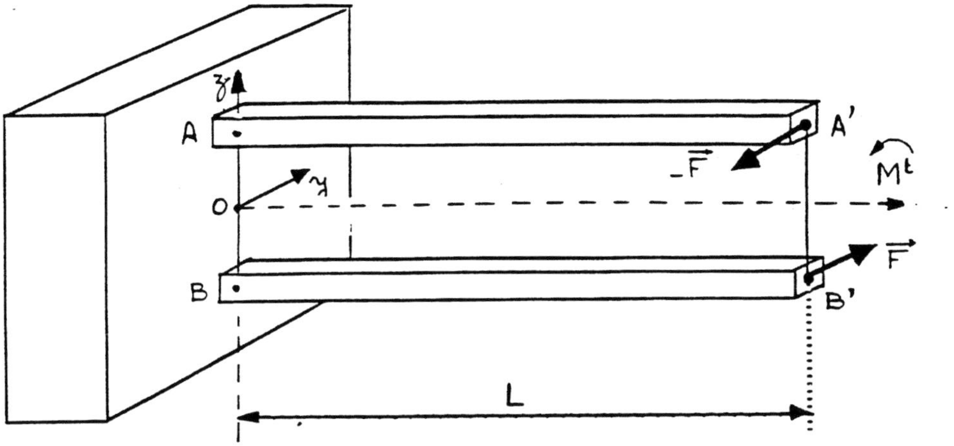

Chaque poutre a pour caractéristiques : E , S , L , $I = I_z$

La distance entre les fibres neutres des deux poutres est h.

Les axes principaux, sur les deux poutres, sont parallèles à Ox, Oy et Oz; ($A'B'$) est une barre indéformable bi-articulée.

Calculer la rigidité de torsion de l'ensemble.

- SOLUTION PROPOSEE -

On a $M^t = F.h$ et $f = F \dfrac{L^3}{3EI}$ (flèche prise en B')

La rotation de ($A'B'$) est $\omega_x = \dfrac{2f}{h} = \dfrac{2\,FL^3}{3\,EIh}$

Soit

$$\omega_x = \frac{2\,M^t L^3}{3\,EIh^2}$$

d'où :

$$K^T = \frac{M^t}{\omega_x} = \frac{3}{2}\;\frac{h^2 EI}{L^3}$$

Conséquence : Rigidité de torsion d'une poutre mince en I , quand la section initiale est encastrée.

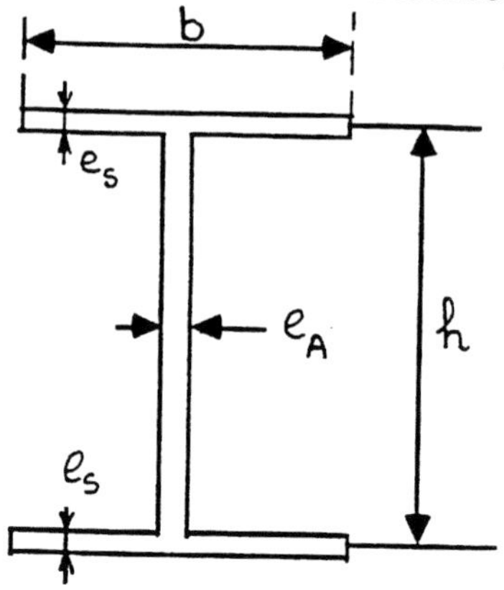

La rigidité linéique de torsion de la poutre en I schématisée ci-contre, par la théorie des profils minces ouverts est :

$$(GJ) = \frac{G}{3}\left[h\, e_A^3 + 2b\, e_s^3\right]$$

où e_A et e_S sont les épaisseurs d'âme et de semelle. Ce calcul, qui s'appuie sur la théorie de St. Venant suppose que toutes les sections droites sont libres de gauchir.

Si la section droite initiale est encastrée, les deux semelles jouent le même rôle que les deux poutres encastrées de la figure 1 et la rigidité de torsion $k^T = \frac{M^t}{\omega}$ est égale à $\frac{GJ}{L}$ augmenté de k^T

d'où

$$\frac{M^t}{\omega} = \frac{G}{3L}\left[h\, e_A^3 + 2b\, e_s^3\right] + \frac{3}{2}\,\frac{h^2 EI}{L^3}$$

soit , avec

$$I = \frac{1}{12}\, b^3 e_s :$$

$$\frac{M^t}{\omega} = \frac{G}{3L}\left(h\, e_A^3 + 2b\, e_s^3\right) + \frac{E}{8L^3}\, b^3 h^2 e_s$$

Application numérique -

E = 200 GPa

ν = 0,3

L = 2 m

$e_A = e_S$ = 3 mm

h = 10 cm

b = 6 cm

$\frac{M^t}{\omega}$ = rigidité de torsion = (198 + 20,25) $\frac{m.N}{Rad}$

= 218,25 $\frac{m.N}{rad}$

Dans le cas numérique choisi, la rigidité de torsion est augmentée de plus de 10 % .

CHAPITRE V

EFFORT TRANCHANT

Exercice II.5.1 : EFFORT TRANCHANT SUR UNE SECTION TRIANGULAIRE PLEINE

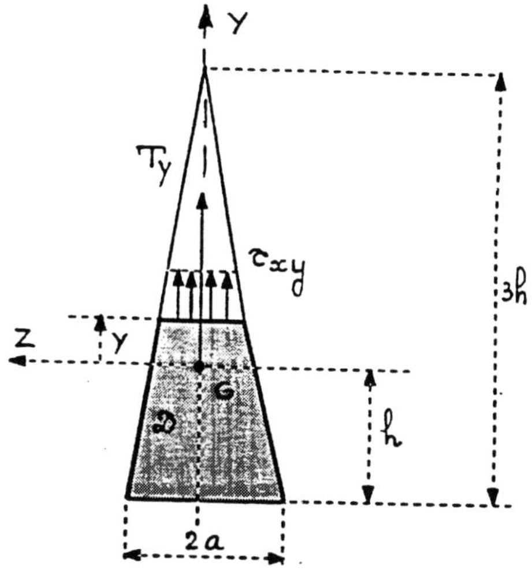

La section droite d'une poutre pleine est un triangle isocèle très allongé, de base $2a$ et de hauteur $3h$.

Elle est soumise à un effort tranchant T_y.

On fera l'hypothèse (non rigoureuse) que la composante τ_{xy} de $\vec{\tau}$ est indépendante de Z

1) Calculer la fonction $\tau_{xy}(Y)$. Donner la valeur de τ_{max}

2) Calculer le coefficient k_y de section réduite, en considérant que τ_{xz} est négligeable devant τ_{xy}.

- SOLUTION PROPOSEE -

On calcule d'abord

$$\begin{cases} S = 3ah \text{ (aire du triangle)} \\ I_Z = \displaystyle\int_{-h}^{2h} \frac{4}{3} a y^2 \left(1 - \frac{y}{2h}\right) dy = \frac{3}{2} a h^3 \end{cases}$$

L'intersection d'une droite d'ordonnée Y, parallèle à la base, avec le triangle, est un segment de longueur

$$L(Y) = \frac{4}{3} a \left(1 - \frac{Y}{2h}\right)$$

1) La formule de Bredt donne :

$$\Phi(Y) = \tau_{xy} \cdot \left(\frac{4}{3} a \left(1 - \frac{Y}{2h}\right)\right) = -\frac{T_Y}{I_Z} \int_{-h}^{Y} \frac{4}{3} a y \left(1 - \frac{y}{2h}\right) dy$$

On en tire :

$$\tau_{xy} \cdot \left(1 - \frac{Y}{2h}\right) = -\frac{T_Y}{I_Z} \left(-\frac{Y^3}{6h} - \frac{2h^2}{3} + \frac{Y^2}{2} \right)$$

Le polynôme du second membre est divisible par le polynôme premier membre, d'où :

$$\tau_{xy} = -\frac{T_Y}{3I_z}\left(Y^2 - hY - 2h^2\right) = \frac{2}{3}\frac{T_Y}{S}\left(2 + \frac{Y}{h} - \frac{Y^2}{h^2}\right)$$

$$(\tau_{xy})_{max} = \frac{3}{2}\frac{T_Y}{S} \quad \left(\text{pour } Y = \frac{h}{2}\right)$$

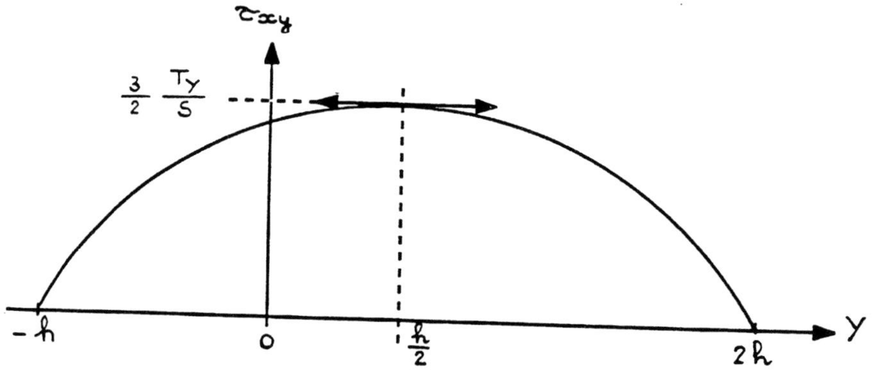

On peut aussi écrire :

$$\tau_{xy} = \frac{2}{3}\frac{T_Y}{S}\left(1 + \frac{Y}{h}\right)\left(2 - \frac{Y}{h}\right)$$

2) L'énergie potentielle élastique linéique s'écrit :

$$\frac{dW}{dx} = \frac{1}{2}\, k_Y \frac{T_Y^{\,2}}{GS} = \frac{1}{2G}\iint_{(S)} \tau^2\, dS$$

On en déduit :

$$k_Y = \frac{6}{5}$$

Exercice II.5.2 : CISAILLEMENT D'UNE CORNIERE MINCE

On considère une cornière rectiligne à plan moyen dont la section droite mince, non évolutive, d'épaisseur constante e est donnée sur la figure ci-après.

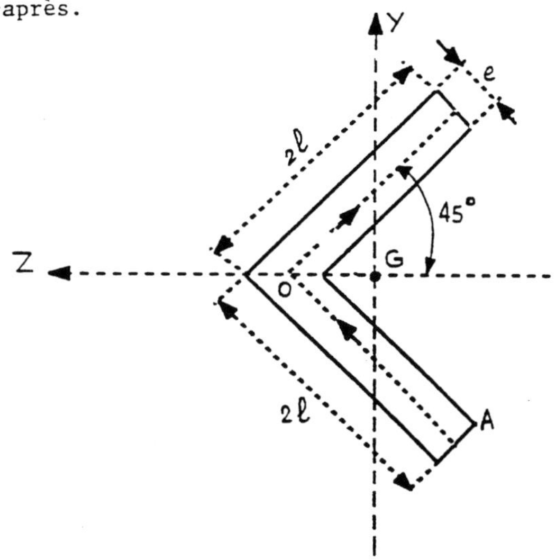

On demande de déterminer le vecteur contrainte tangentielle $\vec{\tau}$ en tout point de la section droite, sous l'effet d'un effort tranchant T_Y .

On déterminera également le centre de torsion de cette section droite.

- <u>SOLUTION PROPOSEE</u> -

Le vecteur $\vec{\tau}$ est tangent au contour de la section et uniformément distribué dans l'épaisseur. Nous calculerons sa valeur algébrique τ.

L'application de la formule de Bredt aux différents domaines du contour (AOB) conduit aux résultats ci-après.

Entre A et O :

$$\phi_A = 0 \qquad \text{(section ouverte)}$$

$$\phi_B = -\frac{T_Y}{I_Z}\mathcal{A}_Z(\mathcal{D}) = \frac{T_Y}{I_Z}\left(\ell - \frac{u}{4}\right)eu\sqrt{2}\ ;\ \tau_p = \frac{T_Y}{I_Z}\left(\ell - \frac{u}{4}\right)eu\sqrt{2}$$

en notant u l'abscisse curviligne le long de (AOB).

Entre O et B :

Nous pouvons compléter par symétrie par rapport à l'axe GZ .

D'où le diagramme des variations de τ en fonction de l'abscisse curviligne u .

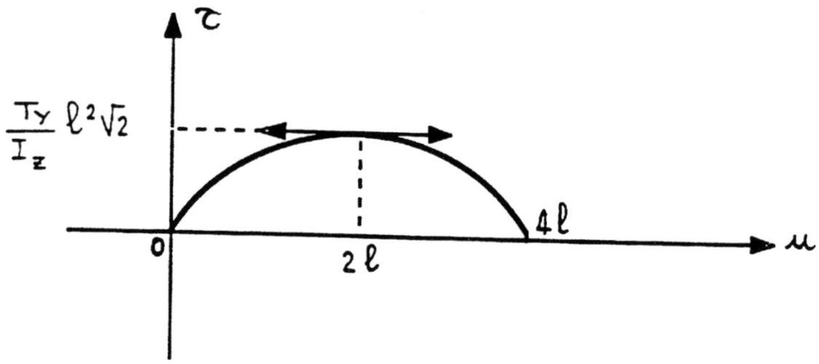

On remarquera $\tau_{max} = \tau_0 = \frac{T_y}{I_z} \ell^2 \sqrt{2}$

Le centre de torsion C étant défini par la condition :

$$\iint_{(S)} \overrightarrow{CP} \wedge \vec{\tau}\, dS = 0$$,et situé sur

l'axe $\overrightarrow{GZ}$ par raison de symétrie, est évidemment confondu avec le point O .

Exercice II.5.3 : CISAILLEMENT D'UNE POUTRE EN ⊔ MINCE

Le profil mince, représenté sur la figure, est soumis à un effort tranchant $\vec{T} = \vec{T}_y$.

1) Trouver la position du centre de gravité G du profil.

2) Calculer le champ de cission $\vec{\tau}$. Diagramme $\tau(s)$.

3) Calculer le coefficient k_y de section réduite.

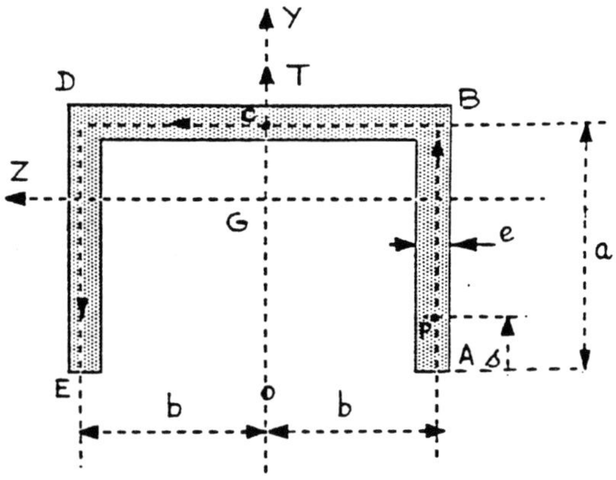

- SOLUTION PROPOSEE -

1) $\overline{OG} = \dfrac{a}{2}\,\dfrac{a+2b}{a+b}$; $I_z = \dfrac{ea^3}{6}\,\dfrac{a+4b}{a+b}$; $S = 2(a+b)e$

2) Sur $AB : \tau = \dfrac{T_y}{2I_z}\left(\overline{OG}^2 - Y^2\right) \Rightarrow \tau_B = \dfrac{T_y}{2I_z}\,\dfrac{a^2 b}{a+b}$

sur $BD : \tau = -\dfrac{T_y}{2I_z}\,\dfrac{a^2 z}{a+b} \Rightarrow \tau_D = -\tau_B$

sur $DE : \tau = -\dfrac{T_y}{2I_z}\left(\overline{OG}^2 - Y^2\right)$

3) $$k_y = \frac{6}{5}\,\frac{(a+b)^2(a^2+6ab+10b^2)}{a^2(a+4b)^2}$$

Si $a = b$, $k_y = \dfrac{408}{125} = 3,264$

Diagramme :

GY étant axe de symétrie, le point de coordonnées ($a+b$, 0) est centre de symétrie du diagramme.

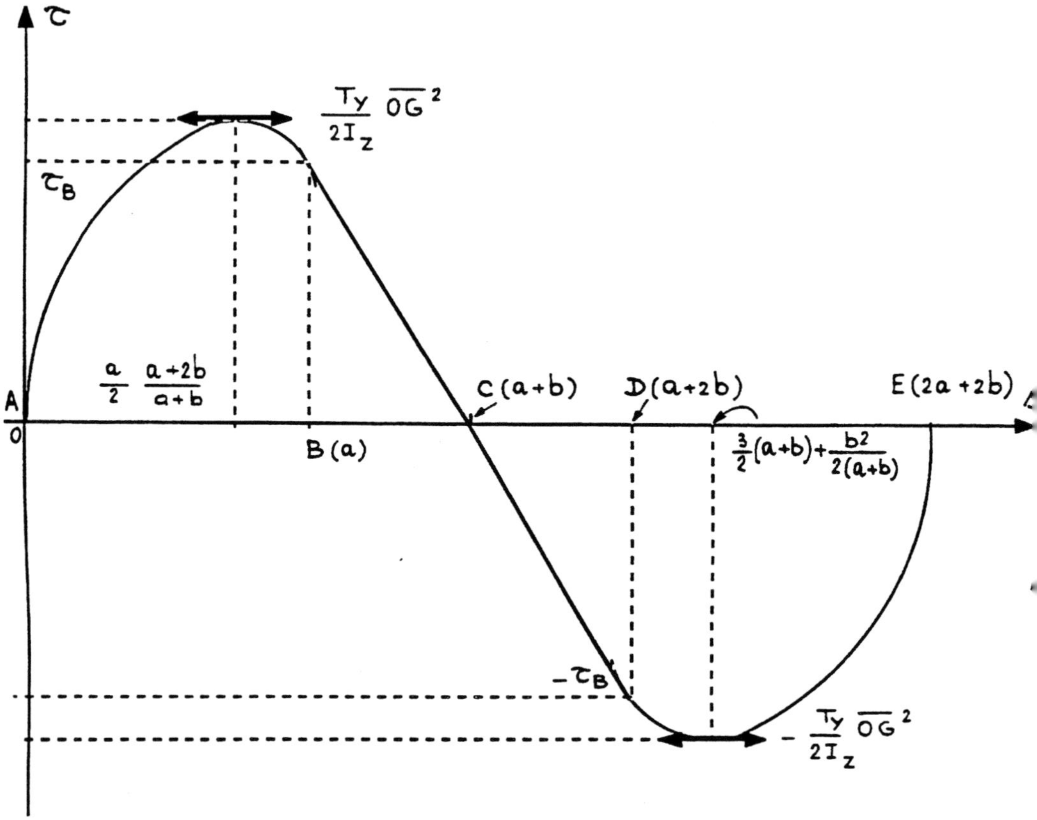
τ
$\frac{T_y}{2I_z}\,\overline{OG}^2$
τ_B
$\frac{a}{2}\,\frac{a+2b}{a+b}$
A
O
B (a)
C (a+b)
D (a+2b)
E (2a+2b)
$\frac{3}{2}(a+b)+\frac{b^2}{2(a+b)}$
$-\tau_B$
$-\frac{T_y}{2I_z}\,\overline{OG}^2$

Exercice II.5.4 : CISAILLEMENT D'UNE POUTRE EN [MINCE

On considère une poutre rectiligne, à plan moyen, dont la section droite non évolutive est mince, ouverte, d'épaisseur e constante, en forme de [comme le montre la figure ci-après.

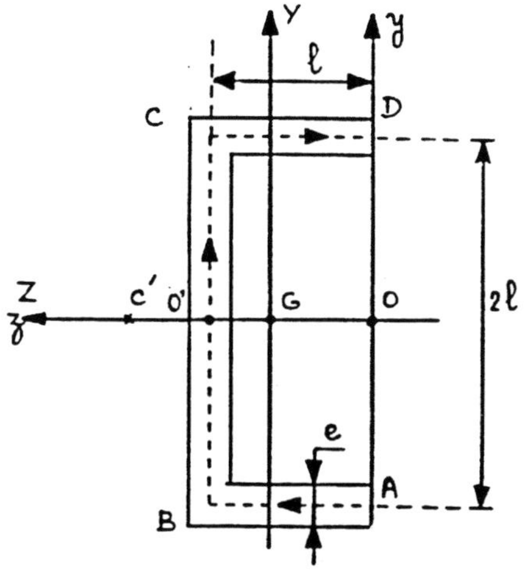

On demande de déterminer le vecteur contrainte tangentielle $\vec{\tau}$ en tout point de la section sous l'effet d'un effort tranchant T_Y .

En déduire la position du centre de torsion C .

- SOLUTION PROPOSEE -

Le vecteur cisaillement $\vec{\tau}$ d'effort tranchant T_Y est déterminé à l'aide de la formule de Bredt appliquée successivement aux différents domaines le long du contour (A B C D).

$\vec{\tau}$ est tangent à la ligne moyenne du contour et uniformément réparti dans l'épaisseur du contour. La formule de Bredt s'écrit alors :

$$\begin{cases} \Phi_P = (\tau e)_P = \tau_P\, e \\ \Phi_P - \Phi_M = -\dfrac{T_Y}{I_Z}\, \mathcal{A}_Z(\mathcal{D}) \end{cases}$$

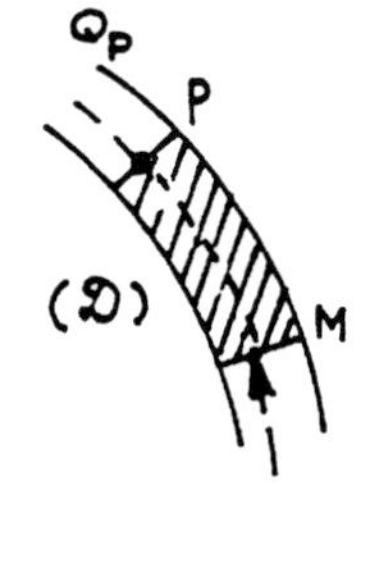

pour (P,M) définis comme suit :

D'où, sur le contour (A B C D) :

- entre A et B :

$$\phi_A = 0 \quad \text{(section ouverte)}$$

$$\phi_P = -\frac{T_Y}{I_Z}\mathcal{A}_Z(\mathcal{D}) = +\frac{T_Y}{I_z}ez\ell \qquad \tau_P = \frac{T_Y}{I_z}z\ell$$

- entre B et C :

$$\phi_P = \phi_B - \frac{T_Y}{I_z}\mathcal{A}_Z(\mathcal{D}) = \frac{T_Y}{I_z}e\ell^2 - \frac{T_Y}{I_z}\frac{e}{2}(y^2-\ell^2) = \frac{T_Y}{I_z}\frac{e}{2}(3\ell^2-y^2)$$

$$\tau_P = \frac{1}{2}\frac{T_Y}{I_z}(3\ell^2-y^2)$$

- entre C et D :

$$\phi_P = \phi_C - \frac{T_Y}{I_Z}\mathcal{A}_Z(\mathcal{D}) = \frac{T_Y}{I_z}e\ell^2 - \frac{T_4}{I_z}e(\ell-z)\ell = \frac{T_Y}{I_z}e\ell z$$

$$\tau_P = \frac{T_Y}{I_z}z\ell$$

Le diagramme des variations de τ_P en fonction de l'abscisse curviligne u le long de (A B C D) est alors :

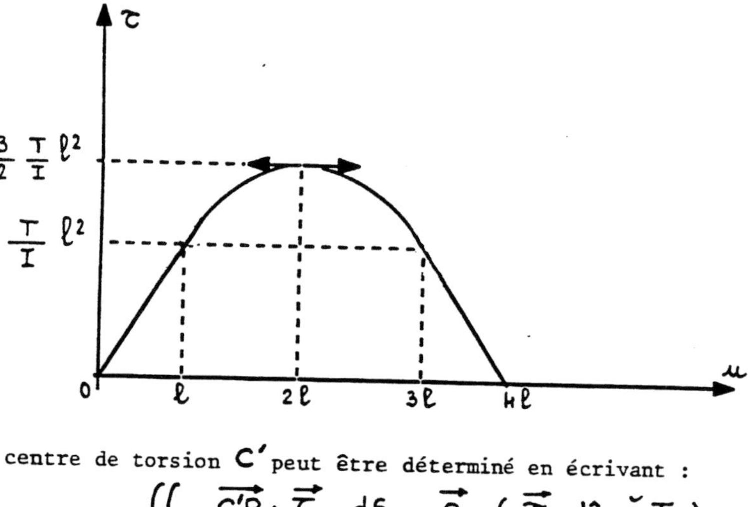

Le centre de torsion C' peut être déterminé en écrivant :

$$\iint_{(S)} \overrightarrow{C'P}\wedge\vec{\tau}\, dS = \vec{0} \quad (\vec{\tau} \text{ dû à } T_Y)$$

Soit, en se plaçant au point O' pour simplifier l'expression du moment résultant des forces de cisaillement et en tenant compte de la symétrie :

$$\widehat{M}_{O'} = \widehat{M}_C + \overrightarrow{O'C'}\wedge\overrightarrow{T_Y}$$

$$-2\ell\int_0^{\ell} \ell\frac{T_Y}{I_z}ez\,dz = -z_{C'}T_Y \implies \text{avec } I_z = \frac{8}{3}e\ell^3$$

$$z_{C'} = \frac{3\ell}{8} = \overline{O'C'}$$

Exercice II.5.5 : CISAILLEMENT D'UNE POUTRE EN I

On considère une poutre rectiligne à plan moyen, dont la section droite non évolutive est mince, en forme de I symétrique, comme le montre la figure ci-après, et d'épaisseur e constante.

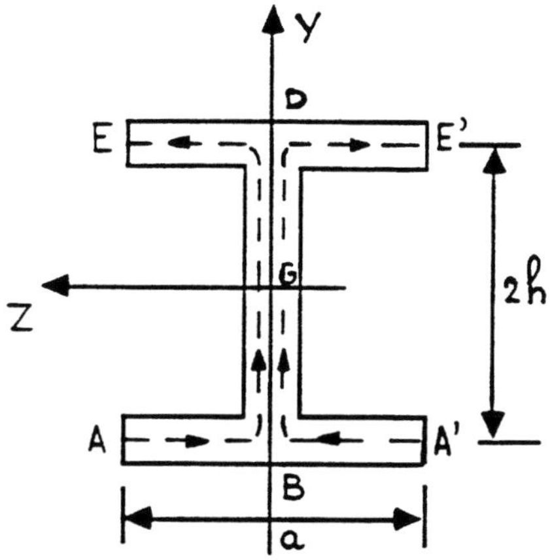

On demande de déterminer le vecteur contrainte tangentielle $\vec{\tau}$ en tout point de la section sous l'effet d'un effort tranchant T_y.

- SOLUTION PROPOSEE -

Le vecteur $\vec{\tau}$ est tangent au contour moyen de la section et uniformement distribué dans l'épaisseur. Nous calculerons sa valeur algébrique τ.

Nous remarquerons la symétrie par rapport à l'axe GY qui nous permet de limiter le calcul des variations de τ suivant le contour ($A'B\ D\ E'$). De même la symétrie d'axe GZ permet de déduire des variations de τ sur ($D\ E'$) de celles des termes sur ($A'B$).

L'application de la formule de Bredt aux différents domaines du contour ($A'BD$) conduit aux résultats ci-après.

Entre A' et B

$$\phi_{A'} = 0 \qquad \text{(section ouverte)}$$

$$\phi_P = -\frac{T_y}{I_z}\mathcal{A}_z(\mathcal{D}) = \frac{T_y}{I_z} h e z \qquad \tau_P = \frac{T_y}{I_z} h z$$

Entre B et D

$$\phi_B(BD) = \phi_B(A'B) + \phi_B(AB) = 2\,\phi_B\,(A'B) = 2\,\frac{T_Y}{I_z}\,h\,e\,\frac{a}{2}$$

par application de la loi des noeuds en B .

$$\phi_P = \frac{T_Y}{I_z}\,h\,e\,a - \frac{T_Y}{I_z}\,\mathcal{A}_z(\mathcal{D}) = \frac{T_Y}{I_z}\,h\,e\,a - \frac{T_Y}{I_z}\,\frac{e}{2}\,(Y^2 - h^2)$$

$$\phi_P = \frac{T_Y}{I_z}\,\frac{e}{2}\left[-y^2 + h^2 + 2ah\right]$$

$$\tau_P = \frac{1}{2}\cdot\frac{T_Y}{I_z}\left[-y^2 + h^2 + 2ah\right]$$

D'où le diagramme des variations de τ en fonction de l'abscisse curviligne u le long du contour moyen :

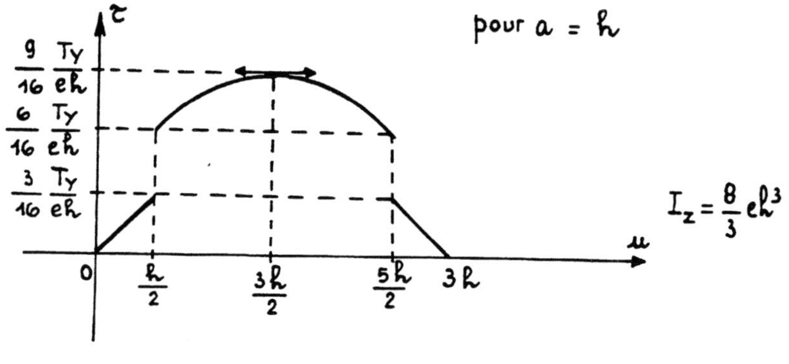

Remarque : $\tau_{max} = \tau_G = \frac{9}{16}\cdot\frac{T_Y}{eh} \simeq \frac{T_Y}{S_{âme}}$

Exercice II.5.6 : CISAILLEMENT D'UN TUBE CIRCULAIRE MINCE FENDU

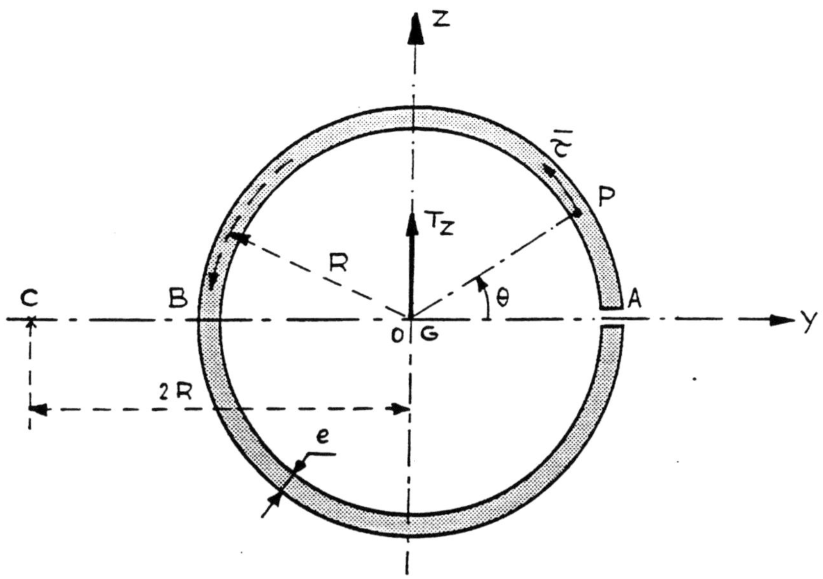

On considère le profil mince ouvert circulaire représenté sur la figure, soumis à un effort tranchant T_z .

1) Déterminer le champ de contraintes tangentielles τ

2) Trouver la position du centre de torsion C .

3) Calculer le coefficient k_z de section réduite.

- SOLUTION PROPOSEE -

On a ici $I_y = I_z = \pi R^3 e$ et $S = 2\pi Re$ (aire)

1) La formule de Bredt donne :

$$\Phi = \tau \cdot e = -\frac{T_z}{I_y} \mathcal{A}_y(\mathcal{D}) = -\frac{T_z}{I_y} e R^2(1-\cos\theta)$$

d'où :

$$\tau(\theta) = -\frac{T_z}{I_y} R^2(1-\cos\theta) = -\frac{2T_z}{S}(1-\cos\theta)$$

et

$$\tau_{max} = \tau(\pi) = -\frac{4T_z}{S} \quad (\text{en } B)$$

2) Le moment longitudinal, moment en G , vaut :

$$M_x = -\frac{T_z}{I_y} e R^4 \int_0^{2\pi} (1 - \cos\theta) d\theta = -2\pi e R^4 \frac{T_z}{I_y}$$

Le moment de torsion M^t , ou moment en C , est nul par hypothèse; on peut écrire la formule du transport des moments :

$$\overset{\frown}{M^t} = \overset{\frown}{M_c} = \overset{\frown}{M_x} + \overrightarrow{CG} \wedge \overrightarrow{T} = \overrightarrow{0}$$

ou $\overset{\frown}{M_x} = \overrightarrow{GC} \wedge \overrightarrow{T_z}$ ou encore : $\overline{GC} . T_z = M_x$

On en tire :

$$\overline{GC} = -2\pi e \frac{R^4}{I_y} = -2R$$

3) Identifions les deux expressions de l'énergie potentielle élastique linéique :

$$\frac{dW_T}{dx} = \frac{1}{2} k_z \frac{T_z^2}{GS} = \frac{1}{2} \frac{eR}{G} \int_0^{2\pi} \tau^2 d\theta$$

On trouve $k_z = 6$

Exercice II.5.7 : CISAILLEMENT D'UN DEMI-TUBE CIRCULAIRE MINCE

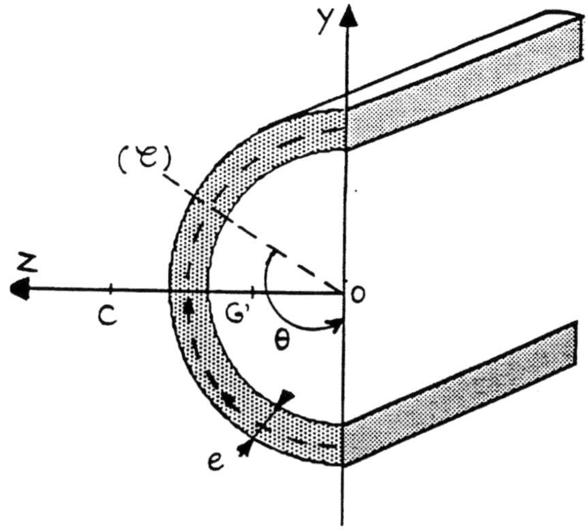

Une poutre prismatique est obtenue en coupant un tube circulaire mince d'épaisseur e, de rayon moyen a, suivant un plan méridien.

OY et OZ sont les axes principaux de la section droite (S), d'origine le centre O du cercle moyen.

L'effort tranchant T_Y induit un champ de contraintes tangentielles τ.
La ligne moyenne étant orientée comme l'indique la figure, la coupure courante ($\mathscr{C}$) est repérée par l'angle θ ; $0 \leqslant \theta \leqslant \pi$.

1) Calculer le flux Φ de cisaillement traversant la coupure courante ($\mathscr{C}$).

2) Calculer la position du centre de torsion C par sa cote $\overline{OC}$.

3) Calculer le coefficient k_Y tel que l'énergie de cisaillement par unité de longueur de poutre s'écrive :

$$\frac{dW}{dX} = \frac{1}{2} k_Y \frac{(T_Y)^2}{GS}$$

- SOLUTION PROPOSEE -

1) $\Phi = \dfrac{T_Y}{I_Z} e a^2 \sin\theta$ avec $I_Z = \dfrac{\pi}{2} a^3 e$

2) Les contraintes tangentielles donnent un moment en O :

$$M_O = \int_0^{\pi} a^2 \Phi \, d\theta = -2 \frac{e a^4 T_Y}{I_Z} = -\frac{4}{\pi} a T_Y$$

Le moment en C de ces contraintes, moment de torsion, est nul :

$$\overset{\frown}{M^t} = \overset{\frown}{M_0} - \overrightarrow{OC} \wedge \overrightarrow{T_y} = 0 \implies \overline{OC} = 2\,\frac{e\,a^4}{I_z} = \frac{4}{\pi}\,a$$

3) $$\frac{dW}{dX} = \frac{1}{2}\,k_y \frac{(T_y)^2}{GS} = \frac{1}{2G} \iint_{(S)} \tau^2 .\, dS = \frac{1}{2G} \int_0^{\pi} \left(\frac{T_y}{I_z}\, a^2 \sin\theta\right)^2 e\, a\, d\theta$$

$$\implies \frac{1}{2}\,k_y \frac{(T_y)^2}{GS} = \frac{1}{2G}\,\frac{(T_y)^2}{(I_z)^2}\, a^5 e\, \frac{\pi}{2} \implies k_y = 2$$

Exercice II.5.8 : CISAILLEMENT D'UN TUBE CIRCULAIRE MINCE OUVERT

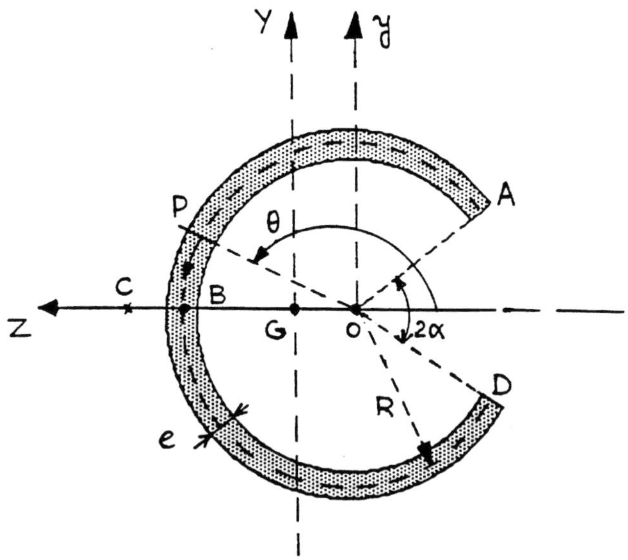

On considère le profil mince ouvert représenté sur la figure, en forme de couronne mince tronquée d'un angle 2α ; sur cette section règne un effort tranchant T_y .

1) Calculer l'aire et le moment quadratique de flexion I_z

2) Déterminer le centre de gravité G

3) Calculer la contrainte tangentielle τ au point courant P de la ligne médiane (positive dans le sens trigonométrique).

4) Trouver le centre de torsion C ; cas particuliers : $\alpha = 0$ et $\alpha = \dfrac{\pi}{2}$

- SOLUTION PROPOSEE -

1) $S = 2(\pi - \alpha) R e \quad ; \quad I_z = e R^3 \displaystyle\int_{\alpha}^{2\pi-\alpha} \sin^2 \theta . d\theta$

$$I_z = e R^3 \left(\pi - \alpha + \frac{\sin 2\alpha}{2}\right)$$

2) $\overline{OG} = z_G = \dfrac{R \sin \alpha}{(\pi - \alpha)}$

3) La formule de Bredt donne :

$$\Phi = \tau . e = - \frac{T_Y}{I_z} e R^2 (\cos\alpha - \cos\theta)$$

4) Le moment de torsion, ou moment en C , est nul par hypothèse; on a donc la formule de transport des moments :

$$\overset{\frown}{M^t} = \overset{\frown}{M_c} = \overset{\frown}{M_0} + \overrightarrow{CO} \wedge \overrightarrow{T} = \overrightarrow{0}$$

On en tire
$$\overline{OC} = - \frac{M_0}{T_Y}$$

$$M_0 = - \frac{T_Y}{I_z} e R^4 \int_{\alpha}^{2\pi - \alpha} (\cos\alpha - \cos\alpha) d\theta$$

$$M_0 = - \frac{2 e R^4 T_Y}{I_z} \left[\sin\alpha + (\pi - \alpha)\cos\alpha \right]$$

On a :

$$\overline{OC} = \frac{2eR^4}{I_z} \left[\sin\alpha + (\pi - \alpha)\cos\alpha \right]$$

Ou :

$$\overline{OC} = 2R \frac{\sin\alpha + (\pi - \alpha)\cos\alpha}{\pi - \alpha + \sin\alpha \cos\alpha}$$

On retrouve les cas particuliers :

$$- \alpha = 0 \Longrightarrow \overline{OC} = 2R$$

$$- \alpha = \frac{\pi}{2} \Longrightarrow \overline{OC} = \frac{4}{\pi} R$$

Exercice II.5.9 : CISAILLEMENT D'UN TUBE MINCE RECTANGULAIRE FENDU

On considère le profil mince ouvert représenté sur la figure et soumis à un effort tranchant $T = T_z$

Donner le champ de cission τ et la position du centre de torsion C'.

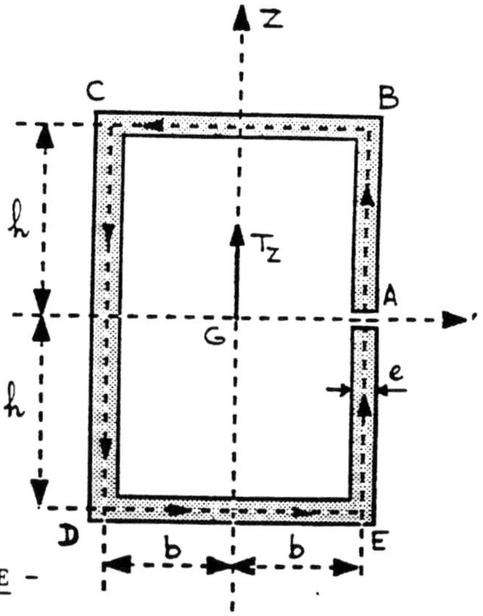

- SOLUTION PROPOSEE -

On a ici
$$I_y = \frac{4}{3} e h^3 + 4 e b h^2$$

1) La formule de Bredt donne :

- sur AB : $\Phi = \tau . e = -\frac{T_z}{2I_y} e z^2 \Rightarrow \Phi_B = -\frac{T_z}{2I_y} e h^2$
- sur BC : $\Phi = -\frac{T_z}{2I_y} e h [h + 2b - 2Y] \Rightarrow \Phi_C = -\frac{T_z}{2I_y} e h (h + 4b)$
- sur CD : $\Phi = -\frac{T_z}{2I_y} e \, [2h(h+2b) - z^2] \Rightarrow \Phi_D = \Phi_C$
- sur DE : $\Phi = -\frac{T_z}{2I_y} h e \, [h + 2b - 2Y] \Rightarrow \Phi_E = \Phi_B = -\frac{T_z}{2I_y} e h^2$
- sur E F : $\Phi = -\frac{T_z}{2I_y} e z^2$

2) Le moment en G (ou moment longitudinal) des efforts de cission sur la section droite est :

$$M_x = -4 \frac{T_z}{I_y} e h^2 b (h + 2b) = M_G$$

La formule de transport des moments donne :

$$\widehat{M^t} = \widehat{M^t_{C'}} = \widehat{M_x} + \overrightarrow{C'G} \wedge \overrightarrow{T} = \overrightarrow{0}$$

On en tire $\overrightarrow{GC'} \wedge \overrightarrow{T} = \overset{\frown}{M_x}$ et $\overline{GC'} . T_z = M_x$

d'où finalement : $\overline{GC'} = - \dfrac{4 e h^2 b (h + 2b)}{I_y}$

Dans le cas où $h = b$: $\overline{GC'} = - \dfrac{9}{4} b$ car $I_y = \dfrac{16}{3} e b^3$

Exercice II.5.10 : CISAILLEMENT D'UN PROFIL MINCE EN «LYRE»

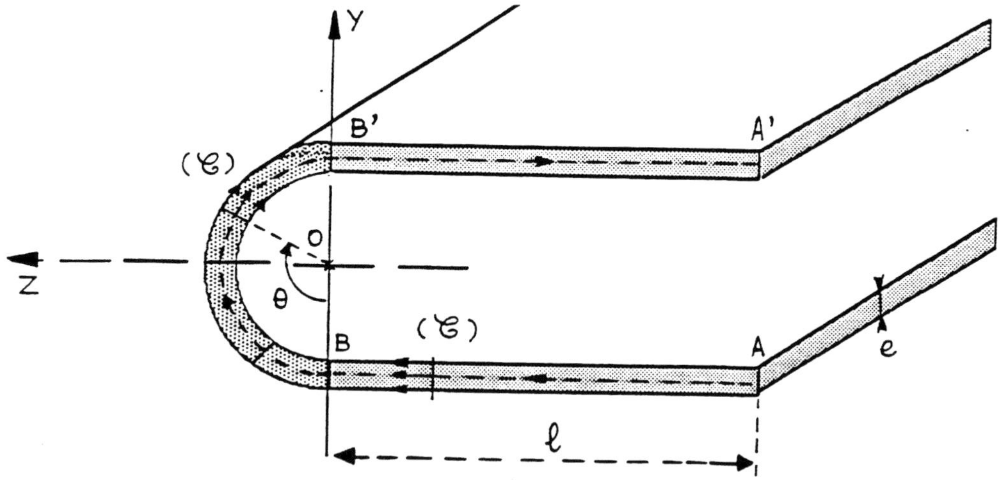

On considère une poutre prismatique dont la section droite mince, d'épaisseur e , est représentée sur la figure. Cette section droite comporte deux parties rectilignes, AB et $A'B'$, de longueur ℓ , et une partie hemicirculaire BB' de rayon a . La section droite est rapportée aux axes principaux OY et OZ d'origine O , centre du demi-cercle BB'.

La ligne moyenne $ABB'A'$ du profil a pour origine A , et est orientée comme l'indique la figure; on appelle $(\mathcal{C})$ la coupure courante d'abscisse curviligne s sur la ligne moyenne.

1) Calculer les flux de cisaillement induits par un effort tranchant T_Y

2) Donner la position du centre de torsion C par sa cote $\overline{OC}$.

- SOLUTION PROPOSEE -

1) Sur le tronçon AB : $\Phi = \dfrac{T_Y}{I_Z}\, a\, e\, s$

$$\Longrightarrow \Phi_B = \frac{T_Y}{I_Z}\, a\, e\, \ell$$

et sur le tronçon BB' :

$$\Phi = \frac{T_Y}{I_Z}\, a\, e \left[\ell + a \sin\frac{s-\ell}{a} \right]$$

$$\Longrightarrow \Phi_{B'} = \frac{T_Y}{I_Z}\, a\, e\, \ell = \Phi_B$$

sur le tronçon B'A' : $\Phi = \frac{T_y}{I_z} a e \ell - \frac{T_y}{I_z} a e (s - \ell - \pi a)$

soit $\Phi = \frac{T_y}{I_z} a e (2\ell + a\pi - s)$

2) Le moment en O des contraintes tangentielles vaut :

$$M_0 = - \frac{T_y}{I_z} a^2 e (\ell^2 + \pi a \ell + 2a^2) \quad \text{avec } I_z = \frac{e a^2}{2}(4\ell + \pi a)$$

$$\Rightarrow \overline{OC} = \frac{a^2 e}{I_z}(\ell^2 + \pi a \ell + 2a^2) = \frac{2(\ell^2 + \pi a \ell + 2a^2)}{4\ell + \pi a}$$

Exercice II.5.11 : CISAILLEMENT D'UN TUBE CARRE MINCE

On considère une poutre à plan moyen (xoy), à ligne moyenne rectiligne, de section droite non évolutive, mince, fermée, de contour carré comme défini sur la figure

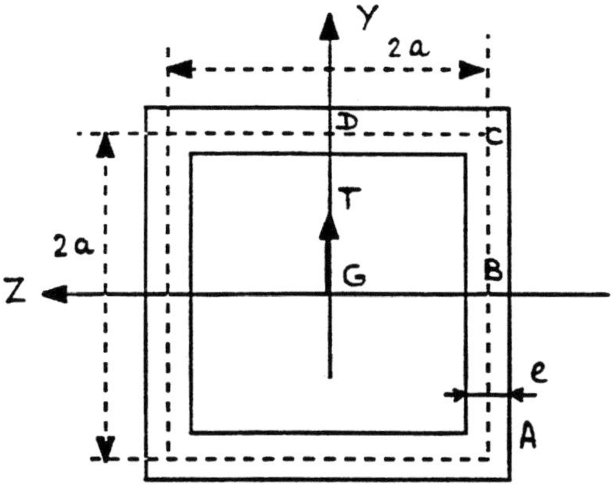

On demande de calculer la contrainte de cisaillement τ en tout point de la section, résultant d'un effort tranchant T_Y.

On calculera le coefficient k_Y de section réduite de cette section vis à vis de T_Y.

- SOLUTION PROPOSEE -

Le calcul de τ en tout point de la section droite peut être entrepris à partir du point O où, par symétrie $\phi_0 = 0$, en cheminant de O à A , puis B, C et D.

Soit :

- entre O et A :

$$\Phi_P = -\frac{T}{I} \mathcal{A}_Z(\mathcal{D})$$

$$\Phi_P = -\frac{T}{I} e a Z$$

- entre A et C :

$$\Phi_P = \Phi_A - \frac{T}{I} \mathcal{A}_Z(\mathcal{D})$$

$$\Phi_P = \frac{T}{I} e a^2 - \frac{T}{I} \cdot \frac{e}{2} (Y^2 - a^2) = \frac{T}{I} \cdot \frac{e}{2} (3a^2 - Y^2)$$

entre C et D

$$\Phi_D = \Phi_C - \frac{T}{I} \mathcal{A}_z(\mathcal{D})$$

$$\phi_D = \frac{T}{I} e a^2 - \frac{T}{I} \mathcal{A}_z(\mathcal{D}) = \frac{T}{I} e a^2 - \frac{T}{I} e a (a + z)$$

$$\phi_D = - \frac{T}{I} e a Z$$

On peut tracer le diagramme des variations correspondantes de τ en fonction de l'abscisse curviligne u sur (OABCD) et compléter par anti-symétrie au reste du contour de la section droite.

$$\left(\tau = \frac{\phi_P}{e} \right)$$

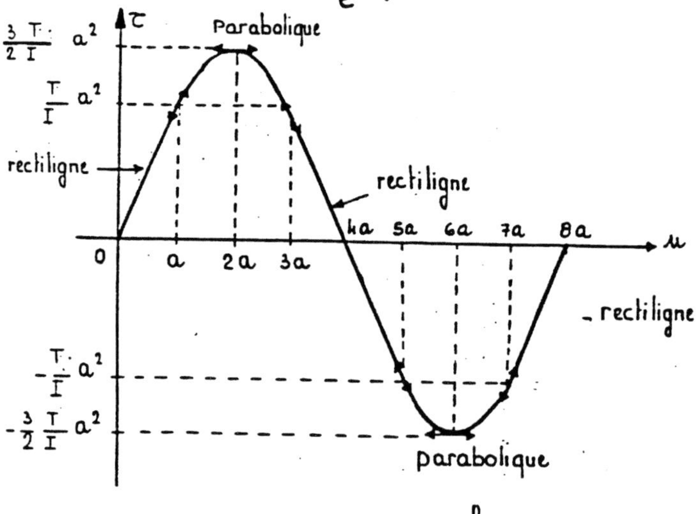

Le calcul du coefficient de section réduite k_y est conduit en écrivant :

$$\frac{dW_T}{dx} = \frac{1}{2G} \iint_{(S)} \tau^2 dS = \frac{1}{2} k \frac{T^2}{GS}$$

D'où

$$2 \times \frac{2e}{2G} \left[\int_{\widehat{OA}} \tau^2 du + \int_{\widehat{BC}} \tau^2 du \right] = \frac{1}{2} k \frac{T^2}{GS}$$

$$k = \frac{8eS}{T^2} \left[\int_{\widehat{OA}} \tau^2 du + \int_{\widehat{BC}} \tau^2 du \right]$$

Soit, avec : $S = 8ae$, $I_z = \frac{16}{3} a^3 e = I$

$$k_y = \frac{12}{5} = 2,4$$

Exercice II.5.12 : CISAILLEMENT D'UN TUBE MINCE DE SECTION TRIANGULAIRE EQUILATERALE

On considère le profil mince fermé simple représenté sur la figure ; la ligne médiane du profil est un triangle équilatéral, de côté $2a$ et de hauteur $3h$.
Sous l'action d'un effort tranchant T_Y, on demande de calculer le champ de cission et le coefficient de section réduite k_Y.

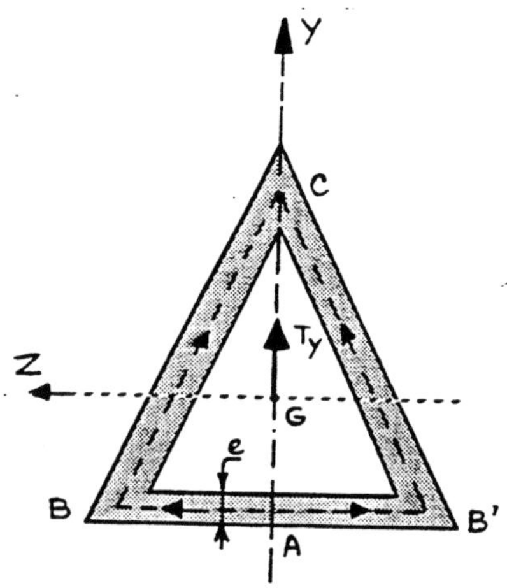

- SOLUTION PROPOSEE -

On a ici $S = 6a.e$ (e = épaisseur du profil)

et $I_Z = 2ea^3 \quad (a = h\sqrt{3})$

- sur (AB) = $\Phi = \tau.e = \dfrac{T_Y}{I_Z} e h z \Rightarrow \tau = \dfrac{\sqrt{3}}{6} \dfrac{T_Y}{ea^2} z$

(Φ et τ sont nuls en A par raison de symétrie)

En particulier

$$\Phi_B = \frac{\sqrt{3}}{6}\frac{T_Y}{a} \text{ et } \tau_B = \frac{\sqrt{3}}{6}\frac{T_Y}{ae} = \sqrt{3}\frac{T_Y}{S}$$

- sur (BC) :

$$\Phi = \Phi_B - \frac{T_Y}{I_Z} e \frac{\sqrt{3}}{3}(Y^2 - h^2) = \frac{\sqrt{3}}{6}\frac{T_Y}{a}\left(\frac{4}{3} - \frac{Y^2}{a^2}\right)$$

et

$$\tau = \sqrt{3}\frac{T_Y}{S}\left(\frac{4}{3} - \frac{Y^2}{a^2}\right)$$

on trouve bien $\tau_C = 0$

- sur (AB') = $\tau = -\sqrt{3}\dfrac{T_Y}{S}\dfrac{z}{a}$

- sur (B'C) = $\tau = \sqrt{3}\dfrac{T_Y}{S}\left(\dfrac{4}{3} - \dfrac{Y^2}{a^2}\right)$

Le coefficient k_Y se calcule par sa formule de définition

$$\frac{dW}{dx} = \frac{1}{2} k_Y \frac{T_Y^2}{GS} = \frac{2e}{2G}\int_{\widehat{ABC}} \tau^2 \, dl \qquad \text{On trouve } k_Y = \frac{176}{45} \simeq 3{,}91$$

Complément : mêmes questions mais relativement à un effort tranchant T_z .

On a $S = 6ae$ et $I_y = I_z = 2ea^3$

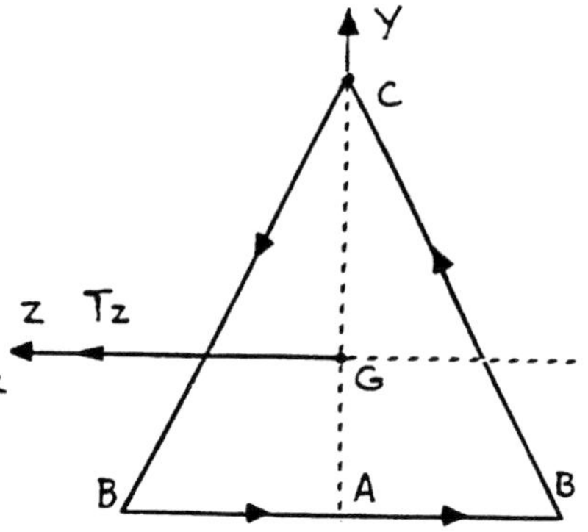

Orientons la ligne médiane du profil comme indiqué sur le dessin, et prenons son origine en C .

La formule de Bredt donne :

- sur $(CB) = \tau = \tau_C - \dfrac{T_z}{3I_y}\left(2a - \sqrt{3}\,Y\right) z$

ou, avec $Y = 2h\left(1 - \dfrac{3z}{a}\right) = \dfrac{2\sqrt{3}}{3}\, a \left(1 - \dfrac{3z}{2a}\right)$

$$\tau = \tau_C - 3\,\frac{T_z}{S}\,\frac{z^2}{a^2} \quad \Rightarrow \quad \tau_B = \tau_C - 3\,\frac{T_z}{S}$$

- sur $(BB') = \tau = \tau_B - \dfrac{T_z}{2I_y}\left(a^2 - z^2\right) = \tau_C - \dfrac{9}{2}\,\dfrac{T_z}{S} + \dfrac{3}{2}\,\dfrac{T_z}{S}\,\dfrac{z^2}{a^2}$

$$\Rightarrow \quad \tau_{B'} = \tau_C - 3\,\frac{T_z}{S} = \tau_B$$

- sur $(B'C) = \tau = \tau_{B'} - \dfrac{T_z}{Sa^2}\left(\sqrt{3}\,Y + a\right)\left(z - a\right)$

soit, avec $Y = 2h\left(1 + \dfrac{3z}{2a}\right) = \dfrac{2a\sqrt{3}}{3}\left(1 + \dfrac{3z}{2a}\right)$:

$$\tau = \tau_C - \frac{3T_z}{S}\,\frac{z^2}{a^2}$$

La nullité de circulation de $\vec{\tau}$ sur la ligne médiane complète permet de déterminer l'inconnue hyperstatique τ_C:

$$\tau_C = 2\,\frac{T_z}{S} \qquad \Rightarrow \quad \tau_A = -\frac{5}{2}\,\frac{T_z}{S}$$

d'où

$$\tau_B = -\frac{T_z}{S} = \tau_{B'}$$

$$\tau_{CB} = \frac{T_z}{S}\left(2 - 3\,\frac{z^2}{a^2}\right) \; ; \quad \tau_{BB'} = \frac{1}{2}\,\frac{T_z}{S}\left(-5 + 3\,\frac{z^2}{a^2}\right) ; \; \tau_{B'C} = \frac{T_z}{S}\left(2 - 3\,\frac{z^2}{a^2}\right)$$

La formule de définition de k_z, à savoir :

$$\frac{dW}{dx} = \frac{1}{2}\,k_z\,\frac{T_z^2}{GS} = \oint_\Gamma e\,\frac{\tau^2}{2G}\,dl \qquad \text{donne} \qquad k_z = \frac{13}{5} = 2.6$$

Exercice II.5.13 : CISAILLEMENT D'UN TUBE MINCE EN ⌓

On considère le profil mince fermé représenté sur la figure ; l'épaisseur e est constante, le rayon de la partie demi-circulaire égal à R . Sous l'action de l'effort tranchant T_y , calculer le champ de cission $\vec{\tau}$ et le coefficient k_y de section réduite. Au préalable on aura calculé la position du centre G et le moment quadratique de flexion I_z.

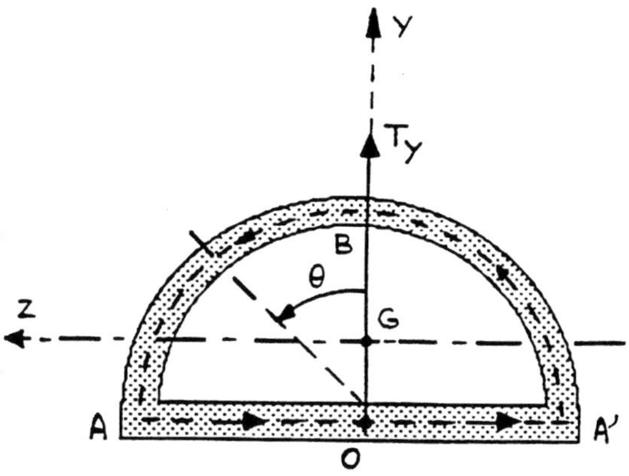

- SOLUTION PROPOSEE -

$$\overline{OG} = \frac{2}{2+\pi} R \simeq 0{,}389 R \; ; \; S = (\pi + 2) Re \simeq 5{,}142 \, Re$$

$$I_z = \left(\frac{\pi}{2} - \frac{4}{2+\pi} \right) R^3 e \simeq 0{,}793 \, R^3 e$$

Le champ est symétrique par rapport à l'axe OY ; τ est nul sur cet axe, c'est-à-dire en O et B . Orientons la ligne médiane dans le sens trigonométrique.

Sur BA, on a d'après la formule de Bredt :

$$\tau = - \frac{T_y R}{I_z} \left[R \sin\theta - \theta \cdot \overline{OG} \right] \Rightarrow \tau_A = - \frac{2}{2+\pi} \; \frac{R^2 T_y}{I_z}$$

sur AO , on a : $\tau = \tau_A + \dfrac{T_y}{I_z} \overline{OG} \, (a - z)$

soit : $\tau = - \dfrac{2}{2+\pi} \; \dfrac{R T_y}{I_z} \, z$

On peut calculer le coefficient k_y de section réduite à partir de sa formule de définition : $\dfrac{dW}{dx} = \dfrac{1}{2} k_y \dfrac{T_y^2}{GS} = \dfrac{1}{2G} \oint \tau^2 e \, d\ell$

$$k_y = 0{,}806$$

Exercice II.5.14 : CISAILLEMENT D'UN TUBE CIRCULAIRE MINCE A DEUX CLOISONS

Soit la poutre à plan moyen (xoy), à ligne moyenne rectiligne, de section droite constante mince fermée cloisonnée définie sur la figure ci-après.

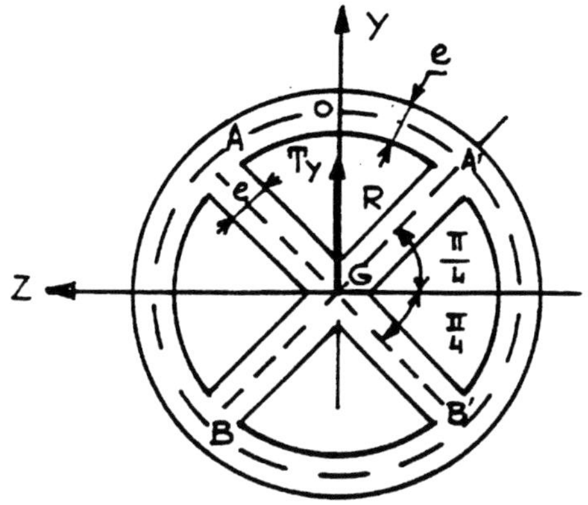

On demande de déterminer le flux de cisaillement sur toute section droite de cette poutre, sous l'action d'un effort tranchant T_y .

- <u>SOLUTION PROPOSEE</u> -

Nous appellerons $\Phi^{\circ}_{A_i}$ le flux au point A_i au voisinage immédiat d'un noeud. On a :

$$I = I_z = \left(\pi + \frac{2}{3}\right) R^3 e$$

- Entre O et A

Par symétrie $\phi_O = 0$, d'où $\phi_{OA} = -\frac{T}{I} \iint_{(\mathcal{D})} y\,dS$

$$\phi_{OA} = -\frac{T}{I} \int_0^{\theta} e R^2 \cos\varphi \, d\varphi = -\frac{T}{I} e R^2 \sin\theta$$

- Entre A et B .

$$\phi_{AB} = \phi^{\circ}_{AB} - \frac{T}{I} \int_{\frac{\pi}{4}}^{\theta} e R^2 \cos\varphi \, d\varphi = \phi^{\circ}_{AB} - \frac{T}{I} e R^2 \left[\sin\theta - \frac{\sqrt{2}}{2}\right]$$

- Entre A et G

$$\phi_{AG} = \phi^{\circ}_{AG} - \frac{T}{I} \int_{-\frac{e}{2}}^{\frac{e}{2}} dz \int_{y\sqrt{2}}^{R} (y'/\sqrt{2})\, dy' = \phi^{\circ}_{AG} - \frac{T}{I} e \frac{\sqrt{2}}{2} \left[\frac{R^2}{2} - y^2\right]$$

Entre ϕ^o_{AG} , ϕ^o_{AB} et ϕ^o_{OA} nous avons une première relation (loi des noeuds) :

$$-\Phi^o_{OA} + \Phi^o_{AB} + \Phi^o_{AG} = 0$$

soit :

$$\Phi^o_{AB} + \Phi^o_{AG} = \frac{-T}{I} e R^2 \frac{\sqrt{2}}{2}$$

Nous pouvons trouver une seconde relation en écrivant que la circulation du vecteur cission est nulle sur ABG . Soit :

$$\int_{\frac{\pi}{4}}^{3\frac{\pi}{4}} \left[\phi^o_{AB} - \frac{T}{I} e R^2 \left(\sin\theta - \frac{\sqrt{2}}{2}\right)\right] R\, d\theta - \sqrt{2} \int_{-R\frac{\sqrt{2}}{2}}^{R\frac{\sqrt{2}}{2}} \left[\phi^o_{AG} - \frac{T}{I} e \frac{\sqrt{2}}{2} \left(\frac{R^2}{2} - y^2\right)\right] dy = 0$$

en remarquant la symétrie entre les branches BG et GA

Soit : $$\phi^o_{AB}\,\pi - 4\,\phi^o_{AG} = -\frac{T}{I} e R^2 \sqrt{2}\, \frac{3\pi - 8}{6}$$

On en déduit ϕ^o_{AB} et ϕ^o_{AG} par le système :

$$\begin{cases} \phi^o_{AB}\,\pi - 4\,\phi^o_{AG} = -\dfrac{T}{I} e R^2 \sqrt{2}\, \dfrac{3\pi - 8}{6} \\ \phi^o_{AB} + \phi^o_{AG} = -\dfrac{T}{I} e R^2 \dfrac{\sqrt{2}}{2} \end{cases}$$

$$\begin{cases} \phi^o_{AB} = -\dfrac{T}{I} e R^2 \sqrt{2}\, \dfrac{3\pi + 4}{6(\pi + 4)} \\ \phi^o_{AG} = -\dfrac{T}{I} e R^2 \sqrt{2}\, \dfrac{4}{3(\pi + 4)} \end{cases}$$

$$\begin{cases} \Phi_{AB} = -\dfrac{T}{I} e R^2 \left(\sin\theta - \dfrac{\sqrt{2}}{2} + \dfrac{\sqrt{2}}{6} \cdot \dfrac{3\pi - 4}{\pi + 4}\right) = -\dfrac{T}{I} e R^2 (\sin\theta - 0{,}264) \\ \Phi_{AG} = -\dfrac{T}{I} e \sqrt{2} \left(\dfrac{R^2}{4} - \dfrac{y^2}{2} + \dfrac{4}{3(\pi + 4)} R^2\right) = -\dfrac{T}{I} e R^2 \left(0{,}618 - 0{,}707 \dfrac{y^2}{R^2}\right) \\ \Phi_{OA} = -\dfrac{T}{I} e R^2 \sin\theta \end{cases}$$

Exercice II.5.15 : CISAILLEMENT D'UN EMPENNAGE CONSTITUANT UN PROFIL MINCE FERME CLOISONNE

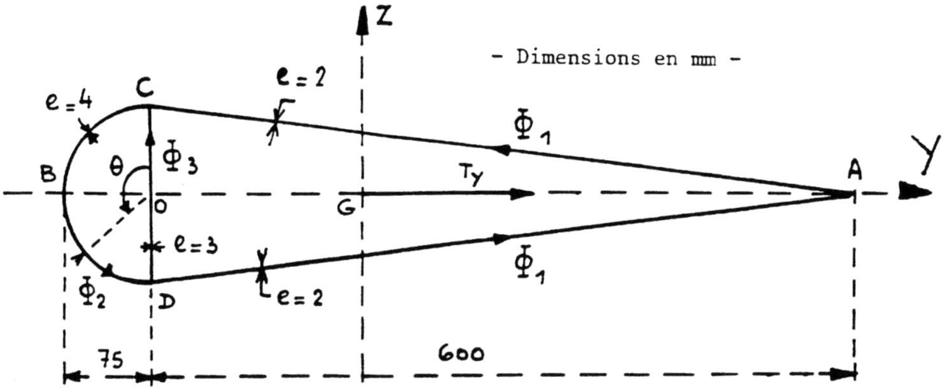

La figure représente la section droite d'un gouvernail de profondeur (déjà étudié en torsion = exercice II.4.11).

- Calculer $\overline{OG}$ (position du centre de gravité G) et l'aire S .
- Calculer les moments quadratiques (de flexion) I_y et I_z
- Sous l'action du seul effort tranchant T_y , calculer les flux Φ_1 , Φ_2, Φ_3 (positifs dans les sens fléchés), sur la coupure courante positionnée par Y , θ ou Z (resp.).

- SOLUTION PROPOSEE -

1) $\overline{OG}\,(4.75.\pi + 3.2.75 + 4\sqrt{600^2+75^2}\,) = -\frac{2}{\pi}\,75.\pi.75.4 + 300.4\sqrt{600^2+75^2}$

$\Longrightarrow \overline{OG}$ = 178,6 mm. De plus S = 3811,15 mm²

2)

$$I_y = 2\,\pi(75)^3 + \frac{1}{12}\,3.2^3.75^3 + \frac{2}{3}\,2.75^2\sqrt{600^2+75^2}$$

$$I_y = 8{,}03.10^6\ mm^4$$

$$I_z = 173{,}5.10^6\ mm^4$$

3) $Y'Y$ est axe de symétrie, donc les flux dus à T_y sont nuls sur cet axe (en B , O et A).

sur CBD : $\Phi_2 = 4.75 \dfrac{T_Y}{I_Z} \displaystyle\int_{\frac{\pi}{2}}^{\theta} \left[178,6 + 75 \sin\varphi\right] d\varphi$

$$\Phi_2 = \left[53580\left(\theta - \frac{\pi}{2}\right) - 22500 \cos\theta\right] \frac{T_Y}{I_Z}$$

$$(\Phi_2)_D = 106660 \frac{T_Y}{I_Z} = -(\Phi_2)_C$$

sur COD : $\Phi_3 = (178,6 \times 3) \dfrac{T_Y}{I_Z} Z$

$$(\Phi_3)_D = -(\Phi_3)_C = -40185 \frac{T_Y}{I_Z}$$

La loi des noeuds donne alors :

$$(\Phi_1)_D = -(\Phi_1)_C = 146845 \frac{T_Y}{I_Z}$$

D'où, sur DA :

$$\Phi_1 = \left[146845 - 2 \frac{\sqrt{600^2 + 75^2}}{600} \int_{-178,6}^{Y} y\,dy\right] \frac{T_Y}{I_Z}$$

$$\Phi_1 = \left[178990 - 1,0078\, Y^2\right] \frac{T_Y}{I_Z}$$

(On vérifie bien la nullité de Φ_1 en A)

Sur AC , enfin :

$$\Phi_1 = -\left[178990 - 1,0078\, Y^2\right] \frac{T_Y}{I_Z}$$

Remarque : les longueurs étant exprimées en mm, si l'on exprime T_Y en newton, les flux seront en N/mm.

CHAPITRE VI

SOLLICITATIONS COMBINEES

Exercice II.6.1 : ARBRE EN FLEXION-TORSION : DIMENSIONNEMENT

On considère un arbre de transmission cylindrique de révolution, plein, sollicité en torsion avec flexion. La section droite la plus sollicitée est soumise au couple $\overset{\frown}{M}$ de composantes M^t, 0 , M^F (sur les axes principaux); l'intensité de ce couple est $M = 10$ kN.m, M^t désigne la composante de torsion et M^F celle de flexion. On prend pour contrainte admissible $\sigma_a = 50$ MPa et pour contrainte équivalente $\sigma_e = \sqrt{\sigma^2 + 4\tau^2}$

Dimensionner le rayon R de cet arbre.

- SOLUTION PROPOSEE -

On peut calculer la contrainte équivalente résultant de la combinaison des deux sollicitations en écrivant :

$$\sigma_e = \sqrt{\sigma^2 + 4\tau^2}$$

avec σ : contrainte normale extrême due à la flexion,

et τ : contrainte tangentielle extrême due à la torsion.

$$\sigma = \frac{M^F}{I} R \quad \text{avec} \quad I = \frac{J}{2} = \frac{\pi R^4}{4}$$

$$\sigma = \frac{4M^F}{\pi R^3}$$

$$\tau = \frac{M^t R}{J} = \frac{2M^t}{\pi R^3}$$

D'où :

$$\sigma_e = \sqrt{\left(\frac{4M}{\pi R^3}\right)^2 + 4\left(\frac{2M^t}{\pi R^3}\right)^2} = \sqrt{\frac{16(M^{t2} + M^{F2})}{\pi^2 R^6}} = \frac{4M}{\pi R^3}$$

La condition de dimensionnement s'écrit alors :

$$\frac{4M}{\pi R^3} = \sigma_a \implies R^3 = \frac{4M}{\pi \sigma_a}$$

Soit ici :

$$R^3 = \frac{4.10^4}{0,5\,\pi 10^8} \implies R \# 6,22 \text{ cm}$$

Exercice II.6.2 : FORMULE DES 3 MOMENTS

On considère une poutre droite à plan moyen (xoy), chargée transversalement dans ce plan ; $x'x$ désigne la ligne moyenne. On se donne trois sections S_1 , S_2 , S_3 , d'abscisses x_1 , x_2, x_3 avec $x_1 < x_2 < x_3$.

Démontrer la formule des trois moments :

$$v_2 \left(\frac{1}{L_{12}} + \frac{1}{L_{23}} \right) - \left(\frac{v_1}{L_{12}} + \frac{v_3}{L_{23}} \right) =$$

$$- \int_{x_1}^{x_2} \frac{M}{EI} dx + \frac{1}{L_{12}} \int_{x_1}^{x_2} \frac{M}{EI} (x_2 - x) dx - \frac{1}{L_{23}} \int_{x_2}^{x_3} \frac{M}{EI} (x_3 - x) dx$$

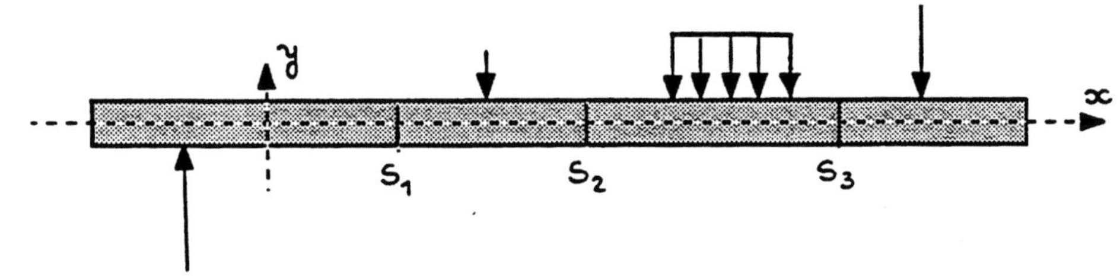

EI désigne la rigidité linéique de flexion dans (xoy), $M(x)$ le moment fléchissant, $L_{ij} = x_j - x_i$ et v_i la flèche prise par la section S_i. On néglige la flèche due à l'effort tranchant.

Application : Calculer les réactions d'appuis pour la poutre prismatique soumise à son propre poids, représentée ci-dessous :

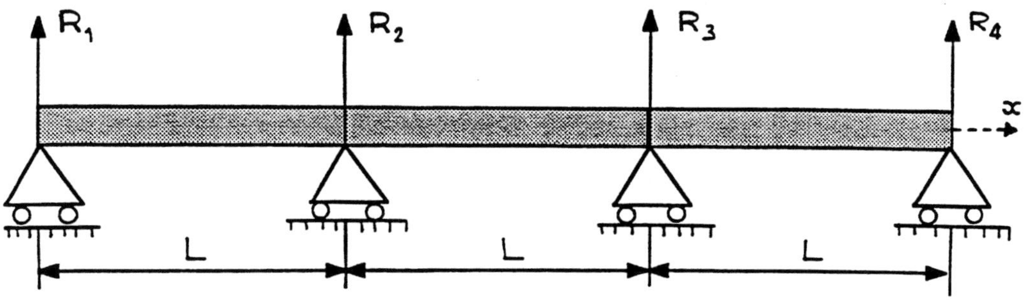

Solution proposée :

La formule de Bresse pour les translations donne :

$$v_2 - v_1 = L_{12}\ \omega_1 + \int_{x_1}^{x_2} \frac{M}{EI}(x_2 - x)\,dx$$

$$v_3 - v_2 = L_{23}\ \omega_2 + \int_{x_2}^{x_3} \frac{M}{EI}(x_3 - x)\,dx$$

En divisant la première par L_{12}, la seconde par L_{23}, et en retranchant membre à membre, on obtient compte tenu de la formule de Bresse pour les rotations $\omega_2 - \omega_1 = \int_{x_1}^{x_2} \frac{M}{EI}\,dx$, la formule des trois moments.

<u>Application à la poutre sur 4 appuis</u> -

On pose $P = 3\,p\,L$ (p = poids linéique).

La formule des trois moments s'écrit, en considérant les 3 premières sections d'appuis :

$$\int_0^L M\,dx + \int_L^{2L} M.(2L - x)\,dx = 0 \qquad \text{avec :}$$

- Pour $0 < x < L$, $M = R_1 x - \frac{1}{2} p\, x^2$
- Pour $L < x < 2L$, $M = R_1 x + R_2(x - L) - \frac{1}{2} p\, x^2$

soit :

$$\int_0^L \left(R_1 x^2 - \frac{1}{2} p\, x^3\right) dx + \int_L^{2L} \left[R_1 x + R_2(x - L) - \frac{1}{2} p\, x^2\right](2L - x)\,dx = 0$$

On en tire : $12\,R_1 + 2\,R_2 = 7\,p\,L$

On a aussi : $2\,R_1 + 2\,R_2 = 3\,p\,L$ (équilibre et symétrie).

La résolution donne enfin :

$$R_1 = 0{,}4\ p\,L \quad \text{et} \quad R_2 = 1{,}1\ p\,L$$

La symétrie donnant $R_4 = R_1$ et $R_2 = R_3$

Exercice II.6.3 : CALCUL D'UNE POTENCE FORMEE DE 2 POUTRES CAISSONS

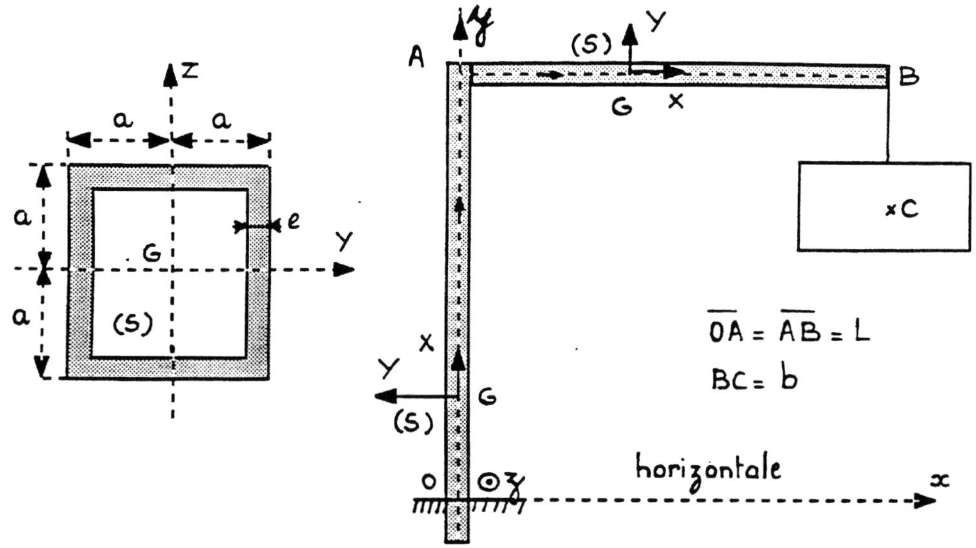

Une potence destinée à supporter un panneau a la forme et les dimensions données par la figure; la section droite, constante est un carré mince; le panneau est solidaire de la section finale S_B . Sous l'action du vent, le panneau est soumis à une force d'intensité F , appliquée au centre C , ayant la direction et le sens de $z'z$. Le poids propre de la structure ainsi que l'action du vent sur la potence sont négligeagles devant F .

1) Calculer les efforts d'encastrement en O et les composantes du visseur sur les tronçons OA et AB .

2) On nomme EI et GJ les rigidités linéiques en flexion et en torsion (resp .) de la poutre caisson : calculer I et J en fonction de a et e .

3) Calculer les trois composantes de la rotation $\overset{\frown}{\omega}_B$ ainsi que la translation w_C prise par C , suivant zz' (on néglige l'influence de l'effort tranchant).

4) Calculer les valeurs maximales du moment fléchissant, du moment de torsion, de la contrainte normale σ_x , de la contrainte tangentielle τ .

5) Applications numériques avec : e = 3 mm, a = 20 cm, L = 7 m, E = 70 GPa , $\nu = \frac{1}{3}$, F = 2000 Newton, b = 50 cm.

- SOLUTION PROPOSEE -

1) L'équilibre global donne les efforts à l'encastrement :

$$\vec{R_o}\begin{cases}0\\0\\-F\end{cases} \quad \text{et} \quad \overset{\curvearrowleft}{\mathcal{M}_{eo}}\begin{cases}-(L-b)F\\LF\\0\end{cases}$$

De plus les composantes du visseur valent :

- sur OA : $N = 0$; $T_Y = 0$; $T_Z = F$; $M_X = -LF$; $M_Y = -(L-b-Y)F$; $M_Z = 0$

2) La section droite étant carrée, fermée, mince, sans cloison, on a : $I = \frac{16}{3} a^3 e$ et $J = 8 a^3 e$ (théorie des sections minces).

3) La formule de Bresse pour les rotations donne, entre les sections S_0 et S_B :

$$\overset{\curvearrowleft}{\omega_B}\begin{cases}(\omega_x)_B = \left[-\dfrac{b}{GJ} + \dfrac{L-2b}{2EI}\right]LF\\[2ex](\omega_y)_B = -\dfrac{FL^2}{GJ} - \dfrac{FL^2}{2EI}\\[2ex](\omega_z)_B = 0\end{cases}$$

Le théorème de Castigliano ou la formule de Bresse pour les translations donne :

$$w_C = \left(\frac{2L^2 - 3bL + 3b^2}{3EI} + \frac{L^2 + b^2}{GJ}\right)FL$$

4) On a :

$$|M^t|_{max} = FL = |M^f|_{max}$$

d'où : $|\tau|_{max} = \dfrac{FL}{8ea^2}$ et $|\sigma_x|_{max} = \dfrac{3FL}{16ea^2}$

5) Applications numériques :

$|M^t|_{max} = 14\,kN.m = |M^f|_{max}$; $I = 128.10^{-6} m^4$; $J = 192.10^{-6} m^4$;

$|\tau|_{max} = 14,58\,MPa$; $|\sigma_x|_{max} = 21,87\,MPa$; $w_C = 0,\ 18\,m$

Exercice II.6.4 : MESURE DE N et M^f PAR JAUGES

Sur une section droite circulaire mince, d'épaisseur e et de rayon R, on veut mesurer l'effort normal N et les deux composantes M_y et M_z du moment fléchissant. Pour cela on colle trois jauges, dans la direction axiale, en A, B, C, trois points de la section droite régulièrement espacés de 120° comme le montre la figure. Calculer N, M^f et φ, angle polaire de $\overrightarrow{M^f}$ en fonction des dilatations ε_A, ε_B, ε_C.

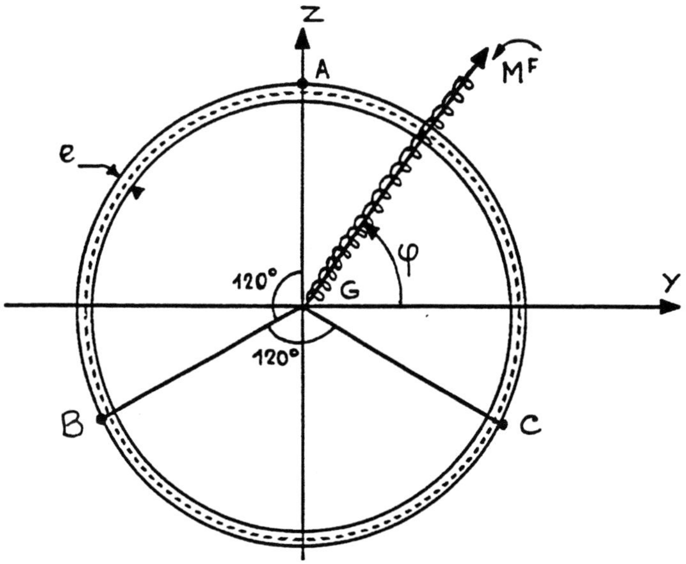

$I = I_y = I_z = \pi R^3 e$

$M_y = M \cos\varphi$

$M_z = M \sin\varphi$

- <u>SOLUTION PROPOSEE</u> -

En un point $P(Y, Z)$ de la section droite S, la dilatation linéaire relative $\varepsilon_x = \varepsilon$ d'une fibre axiale a pour expression :

$$\varepsilon = \frac{N}{ES} - \frac{M_z}{EI_z} Y + \frac{M_y}{EI_y} Z$$

On a ici :

$$S = 2\pi R e \ ; \ I_y = I_z = \pi R^3 e \ ; \ M_y = M\cos\varphi$$

$$M_z = M\sin\varphi \ ; \ Y = R\cos\theta \ ; \ Z = R\sin\theta \ ,$$ θ désignant

l'angle polaire de $\overrightarrow{GP}$ à partir de l'axe GY

D'où :

$$\varepsilon_A = \frac{N}{ES} + \frac{M_y}{EI} R$$

$$\varepsilon_B = \frac{N}{ES} + \frac{M_z}{EI} R \frac{\sqrt{3}}{2} - \frac{M_y}{EI} \frac{R}{2}$$

$$\varepsilon_C = \frac{N}{ES} - \frac{M_z}{EI} R \frac{\sqrt{3}}{2} - \frac{M_y}{EI} \frac{R}{2}$$

La résolution, par rapport à N , M_y, M_z donne :

$$\left\{ \begin{array}{l} N = \dfrac{ES}{3} (\varepsilon_A + \varepsilon_B + \varepsilon_C) = \dfrac{2}{3} \pi R e E (\varepsilon_A + \varepsilon_B + \varepsilon_C) \\ M_y = \dfrac{EI}{3R} (2\varepsilon_A - \varepsilon_B - \varepsilon_C) = \dfrac{\pi}{3} R^2 e E (2\varepsilon_A - \varepsilon_B - \varepsilon_C) \\ M_z = \dfrac{\sqrt{3}}{3} \dfrac{EI}{R} (\varepsilon_B - \varepsilon_C) = \dfrac{\sqrt{3}}{3} \pi R^2 e E (\varepsilon_B - \varepsilon_C) \end{array} \right.$$

ou :

$$\left\{ \begin{array}{l} N = \dfrac{2\pi}{3} R e E (\varepsilon_A + \varepsilon_B + \varepsilon_C) \\ M = \dfrac{2\pi}{3} R^2 e E \sqrt{\varepsilon_A^2 + \varepsilon_B^2 + \varepsilon_C^2 - \varepsilon_B \cdot \varepsilon_C - \varepsilon_C \cdot \varepsilon_A - \varepsilon_A \cdot \varepsilon_B} \\ \operatorname{tg}\varphi = \sqrt{3} \dfrac{\varepsilon_B - \varepsilon_C}{2\varepsilon_A - \varepsilon_B - \varepsilon_C} \; ; \cos\varphi = \dfrac{M_y}{M} \; ; \sin\varphi = \dfrac{M_z}{M} \end{array} \right.$$

Exercice II.6.5 : DIMENSIONNEMENT D'UNE BITTE D'AMARRAGE

Un bâteau exerce une force horizontale F sur une bitte cylindrique d'amarrage, comme l'indique la figure; sur la section droite S_0, la plus chargée, calculer les composantes du visseur.

Calculer la contrainte normale maximale, la contrainte tangentielle maximale, en indiquant à quels points ces valeurs maximales sont relatives.

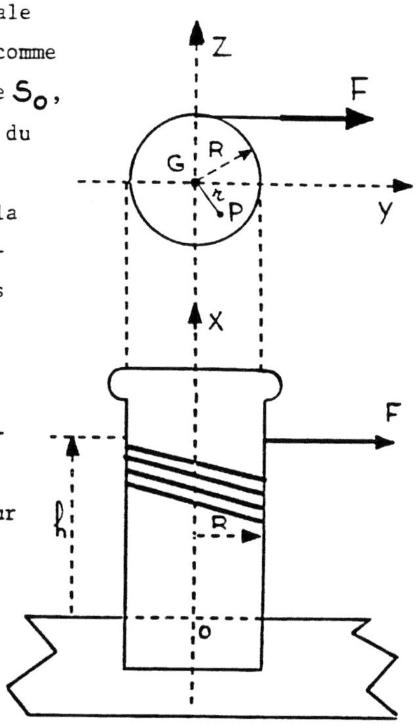

application numérique : on a $F = 1000\,kN$ $\nu = 0,25$, $\sigma_a = 500\,MPa$ (contrainte admissible). Calculer R pour que l'on ait partout $\tau \leqslant \frac{1}{2}\sigma_a$. En déduire la valeur maximale que peut avoir h pour que l'on ait partout $\sigma \leqslant \sigma_a$.

$$\begin{cases} S = \pi R^2 \\ I_y = I_z = I = \dfrac{\pi R^4}{4} \\ J = 2I = \dfrac{\pi R^4}{2} \end{cases}$$

- SOLUTION PROPOSEE -

Sur S_0 : $N = 0$; $T_y = F$; $T_z = 0$; $M_x = M^t = -F.R$; $M_y = 0$; $M_z = Fh$

$$(\sigma_x)_{max} = \frac{Fh}{I} R = \frac{4}{\pi}\frac{Fh}{R^3} \quad \text{au point } A\,(0\,,-R\,,0)$$

Au point $B\,(0\,,R\,,0)$, on a $\sigma_x = -(\sigma_x)_{max} = -\frac{4}{\pi}\frac{Fh}{R^3}$

La contrainte tangentielle τ_1 due au moment de torsion M_x est maximale sur la périphérie de la section droite où elle vaut :

$(\tau_1)_{max} = \dfrac{|M_x|}{J} R = \dfrac{2}{\pi}\dfrac{F}{R^2}$. Au point courant P , elle vaut : $\tau_1 = \dfrac{2}{\pi}\dfrac{Fr}{R^3}$

La contrainte tangentielle τ_2 due à l'effort tranchant $T_y = F$ est maximale au centre où elle vaut :

$$(\tau_2)_{max} = \frac{1}{8}\frac{3+2\nu}{1+\nu}\frac{F}{I}R^2 = \frac{1}{2}\frac{3+2\nu}{1+\nu}\frac{F}{\pi R^2}$$

Elle est presque uniforme sur l'axe $0Z$, de $Z = -R$ à $Z = +R$

avec : $\tau_2(0,Z) = \frac{1}{2}\frac{3+2\nu}{1+\nu}\frac{F}{\pi R^2}\left(1 - \frac{1-2\nu}{3+2\nu}\frac{Z^2}{R^2}\right)$

si bien que la résultante $\tau = \tau_1 + \tau_2$ est maximale en $C\,(0,0,R)$ où elle vaut :

$$(\tau)_{max} = \frac{3+4\nu}{1+\nu}\frac{F}{\pi R^2}$$

<u>application numérique, dimensionnement</u> :

On veut :

$$\tau_{max} = \frac{3+4\nu}{1+\nu}\frac{F}{\pi R^2} = \frac{\sigma_a}{2}$$

$$\Longrightarrow \quad R = \left(\frac{2}{\pi}\frac{3+4\nu}{1+\nu}\frac{F}{\sigma_a}\right)^{\frac{1}{2}} = \sqrt{\frac{2}{\pi}\frac{4}{1{,}25}\frac{10^6}{5.10^8}}\,m = 6\,cm$$

On veut ensuite :

$$\sigma \leqslant \sigma_a$$

soit :

$$\frac{4}{\pi}\frac{Fh}{R^3} \leqslant \sigma_a$$

soit :

$$h \leqslant \frac{\pi}{4}\frac{\sigma_a R^3}{F} = 0{,}10\,m = 10\,cm$$

Exercice II.6.6 : STRUCTURE PLANE A DEUX POUTRES SOUDEES

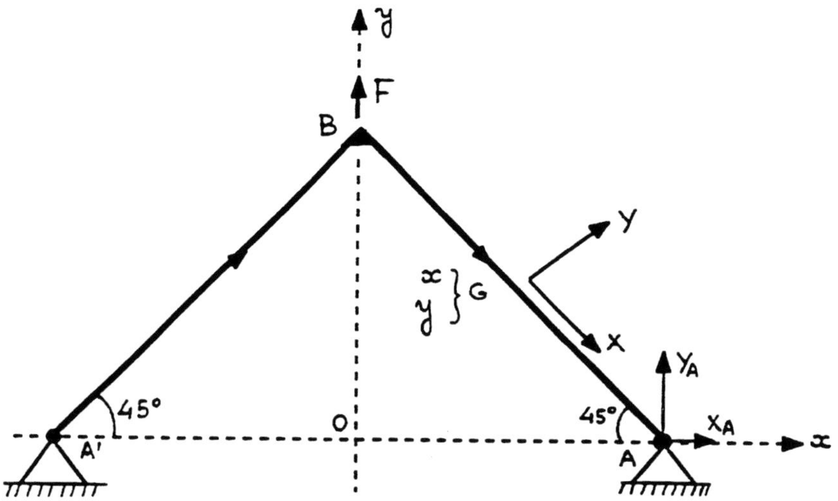

Les deux poutres, prismatiques à plan moyen ($x\,O\,y$), de caractéristiques (L , S , I , E) sont soudées à angle droit en B . La figure donne les axes, les liaisons (pivots en A et A'), le chargement (force ponctuelle F).

Calculer les efforts de liaison : externes en A et A' , internes en B . Déterminer le visseur sur la section courante. Calculer le déplacement v_B du sommet B .

Les déplacements dûs à l'effort tranchant T sont tout à fait négligeables devant ceux qui sont dus au moment fléchissant M et à l'effort normal N .

- SOLUTION PROPOSEE -

La symétrie et l'équilibre global donnent :

$$X_A + X_{A'} = 0 \quad \text{et} \quad Y_A = Y_{A'} = -\frac{F}{2}$$

Sur la poutre AB , on a :

$$N = \frac{\sqrt{2}}{2}(X_A - Y_A) \; ; \; T = \frac{\sqrt{2}}{2}(X_A + Y_A) \; ; \; M = \left(L\frac{\sqrt{2}}{2} - x\right)(X_A + Y_A)$$

La formule de Bresse, entre B et A , pour les translations parallèles à $x'x$ s'écrit, puisque la section S_B ne tourne pas :

$$\int_0^{\frac{L\sqrt{2}}{2}} \left[\frac{\sqrt{2}}{2} \frac{N}{ES} + \frac{M}{EI} y \right] dy = 0$$

ce qui donne :

$$X_A = \frac{SL^2 - 3I}{SL^2 + 3I} \frac{F}{2}$$

Sur AB , on a donc, en B :

$$N_B = \frac{\sqrt{2}}{2} \frac{SL^2}{SL^2 + 3I} F \; ; \; T_B = - \frac{3\sqrt{2}}{2} \frac{I}{SL^2 + 3I} F \; ; \; M_B = L \, T_B$$

La formule de Bresse pour les translations parallèles à $y'y$, donne, entre B et A :

$$v_B = \int_0^{L\frac{\sqrt{2}}{2}} \left[\frac{N}{ES} - \left(L - \sqrt{2} x \right) \frac{M}{EI} \right] dx$$

soit, tous calculs faits :

$$v_B = \frac{1}{1 + \frac{3I}{SL^2}} \frac{FL}{ES}$$

si la poutre est très longue, I est négligeable devant SL^2 ; On a alors :

$$X_A \simeq \frac{F}{2} = - Y_A \; ; \quad T \simeq 0 \simeq M$$

et

$$v_B \simeq \frac{FL}{ES}$$

La structure se comporte comme un treillis.

Exercice II.6.7 : CALCUL D'UN CADRE CARRE

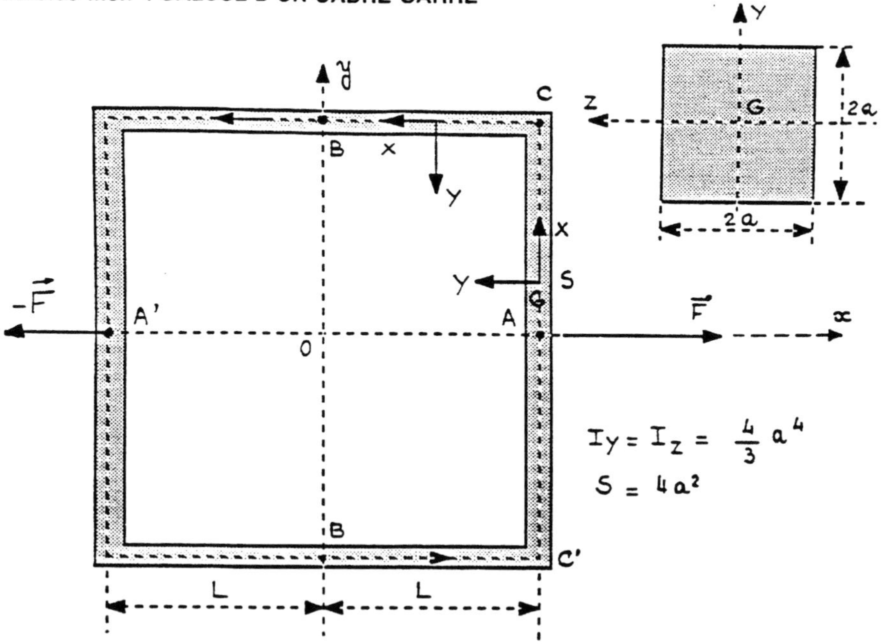

- ligne moyenne = carré de côté $2L$
- section droite = carré plein de côté $2a$ $(a \ll L)$
- chargement : forces $\vec{F}$ et $-\vec{F}$, appliquées en A et A'
- (xoy) = plan de symétrie

Calculer :

- les composantes N , $T_Y = T$, $M_Z = M$ du visseur sur la section droite courante. Tracer le diagramme de M .
- calculer les déplacements des points A, A'.

- <u>SOLUTION PROPOSEE</u> -

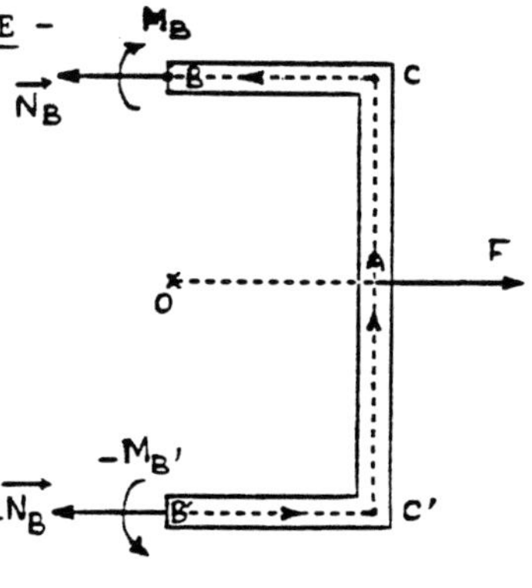

- l'équilibre du demi-cadre de droite donne :

$$N_B = N'_{B'} = \frac{F}{2} \text{ et } \quad M_B = M_{B'}$$

- La symétrie par rapport à l'axe implique la nullité de T_B et $T_{B'}$

La structure est intérieurement hyperstatique de degré 1; prenons M_B comme inconnue hyperstatique.

Expression du visseur :

- sur $B'C'$: $\begin{cases} N = \frac{F}{2} \\ T = 0 \\ M = M_B \end{cases}$ - sur $C'A$: $\begin{cases} N = 0 \\ T = -\frac{F}{2} \\ M = \frac{F}{2}(L + y) + M_B \end{cases}$

- sur AC : $\begin{cases} N = 0 \\ T = \frac{F}{2} \\ M = \frac{F}{2}(L - y) + M_B \end{cases}$ - sur CB : $\begin{cases} N = \frac{F}{2} \\ T = 0 \\ M = M_B \end{cases}$

Les sections S_A et S_B ne tournant pas, la formule de Bresse pour les rotations donne, entre ces deux sections :

$$\int_{\widehat{ACB}} M ds = 0 \qquad \text{soit :} \qquad M_B = -\frac{FL}{8}$$

D'où : sur $B'C'$, $M = -\frac{FL}{8}$; sur $C'A$, $M = \frac{3FL}{8} + \frac{Fy}{2}$

sur AC, $M = \frac{3}{8} FL - \frac{Fy}{2}$; sur CB : $M = -\frac{FL}{8}$

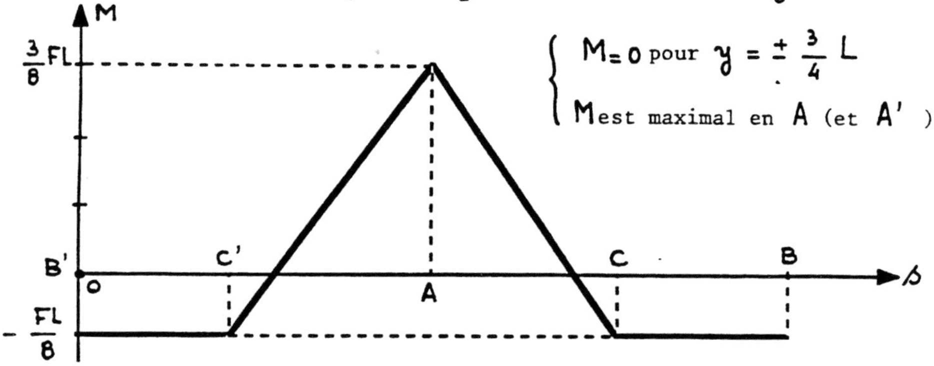

$\begin{cases} M = 0 \text{ pour } y = \pm \frac{3}{4} L \\ M \text{ est maximal en } A \text{ (et } A'\text{)} \end{cases}$

L'énergie potentielle élastique emmagasinée par la demi structure est :

$$W = \frac{F^2 L}{4ES} + k \frac{F^2 L}{4GS} + \frac{5}{96} \frac{F^2 L^3}{EI}$$

On en déduit :

$$u_A = \frac{\partial W}{\partial F} = \frac{FL}{2ES} + k \frac{FL}{2GS} + \frac{5}{48} \frac{FL^3}{EI}$$

Pour un carré plein, on a $k \simeq \frac{6}{5}$.

Le troisième terme, dû au moment fléchissant est tout à fait prépondérant.

Exercice II.6.8 : ANNEAU CIRCULAIRE SOUMIS A UN MOMENT DE TORSION UNIFORMEMENT REPARTI

On considère un anneau de ligne moyenne circulaire, de section droite constante circulaire, soumis à une distribution uniforme de couple de torsion.

On appelle m le moment de torsion par unité de longueur appliqué sur la ligne moyenne (en mesure algébrique sur l'axe XX', longitudinal)

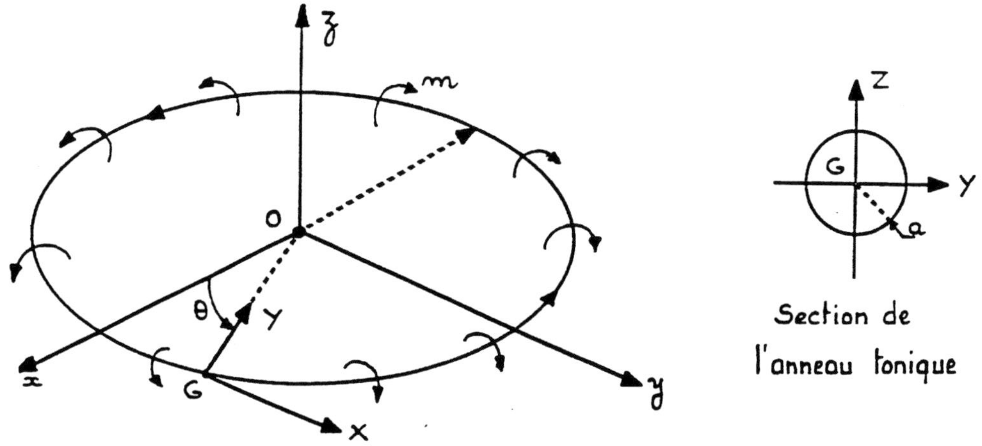

Déterminer les composantes du visseur sur la section droite courante de cette poutre.

Calculer la rotation d'une section droite courante.

On désigne par R le rayon de la ligne moyenne et par a celui de la section droite (circulaire pleine).

- SOLUTION PROPOSEE -

1) Par raison de symétrie les composantes du visseur dans le repère (G, XYZ) sont constantes.

Les équations d'équilibre s'écrivent ici :

$$\begin{cases} \dfrac{dN}{ds} - \dfrac{T_Y}{R} = 0 \\ \dfrac{N}{R} + \dfrac{dT_Y}{ds} = 0 \\ \dfrac{dT_Z}{ds} = 0 \end{cases} \qquad \begin{cases} m + \dfrac{dM_X}{ds} - \dfrac{M_Y}{R} = 0 \\ \dfrac{M_X}{R} + \dfrac{dM_Y}{ds} - T_Z = 0 \\ \dfrac{dM_Z}{ds} + T_Y = 0 \end{cases}$$

(les termes $\dfrac{dN}{ds}$, $\dfrac{dT_Y}{ds}$, $\dfrac{dM_X}{ds}$, $\dfrac{dM_Y}{ds}$, $\dfrac{dM_Z}{ds}$ sont barrés)

On en déduit :

$$T_Y = 0 \;, \quad N = 0 \;, \quad M_Y = Rm \;, \quad M_X = RT_Z$$

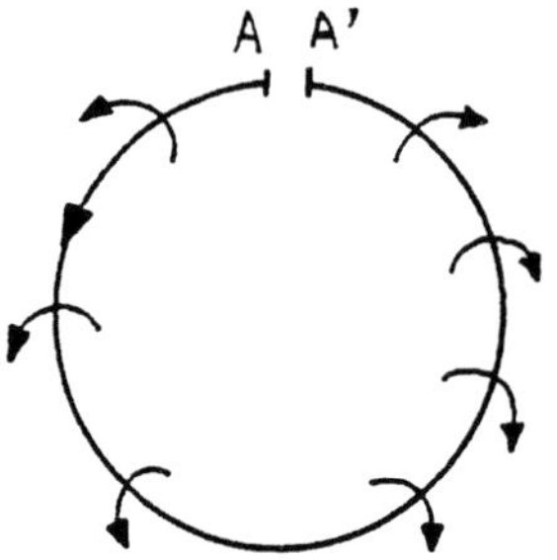

Par symétrie, il apparait que l'effort tranchant T_z est égal à zéro. (Sur les deux lèvres A et A' d'une coupure, les composantes suivant l'axe z des efforts doivent être égaux par symétrie et opposés d'après la loi de l'action et de la réaction). Donc $M_x = 0$ aussi. Le problème est hyperstatique d'ordre 1, la valeur de $M_z = Cte$ restant à déterminer.

Pour cela, calculons l'énergie élastique $\mathcal{W}$ emmagasinée par l'anneau :

$$\mathcal{W} = \frac{1}{2}(2\pi R)\left[\frac{M_z^2}{EI} + \frac{(mR)^2}{EI}\right] ; \quad I = \frac{\pi a^4}{4} \begin{cases}\text{moment}\\ \text{quadratique}\\ \text{de flexion}\end{cases}$$

D'après le théorème de Menabrea :

$$\frac{\partial \mathcal{W}}{\partial M_z} = 0 \qquad \text{, d'où} \qquad M_z = 0$$

La seule composante non nulle du visseur est M_y :

$$\underline{\underline{M_y = Rm = M}}$$

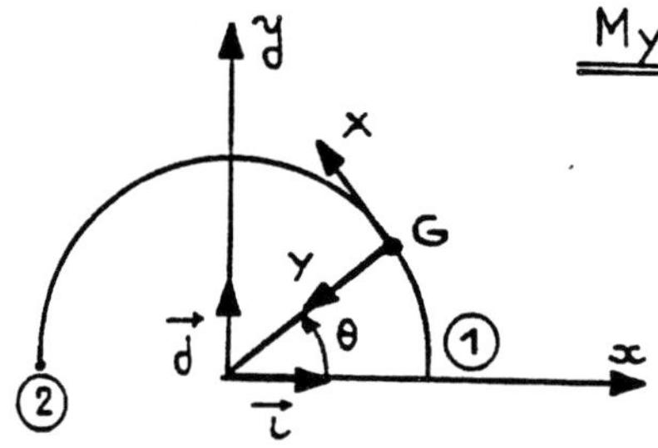

Pour calculer la rotation d'une section droite, nous utilisons la formule de Bresse entre les sections (1) et (2).

$$\widehat{\omega_2} = \widehat{\omega_1} + \int_0^\pi \left(\frac{\widehat{M}}{EI}\right) R d\theta = \widehat{\omega_1} + \int_0^\pi - \frac{R_m}{EI}\left(\cos\theta \vec{i} + \sin\theta \vec{j}\right) R d\theta$$

$$\widehat{\omega_2} = \widehat{\omega_1} + \frac{m R^2}{EI}(-2\vec{j})$$

puisque par symétrie $\widehat{\omega_2} = -\widehat{\omega_1}$

$$\widehat{\omega_1} = \frac{m R^2}{E I}\vec{j} \implies \omega = \frac{mR^2}{EI}$$

Exercice II.6.9 : CADRE FORT DE FUSELAGE EN FLEXION AVEC EFFORT NORMAL ET EFFORT TRANCHANT

On considère une poutre, de section constante, de ligne moyenne circulaire, de rayon R . Deux moments de flexion $\overset{\frown}{\Gamma}(0, 0, \Gamma)$, $-\overset{\frown}{\Gamma}(0, 0 - \Gamma)$ sont appliqués en A et B , diamétralement opposés.

1) Après avoir choisi une coupure origine, déterminer le degré d'hyperstaticité interne.

2) Déterminer les composantes du visseur sur une section droite courante S , repérée par θ .

3) Calculer les rotations ω_B, $\omega_{B'}$ que subissent les sections droites aux points B et B' , si on suppose fixe la section S_A .

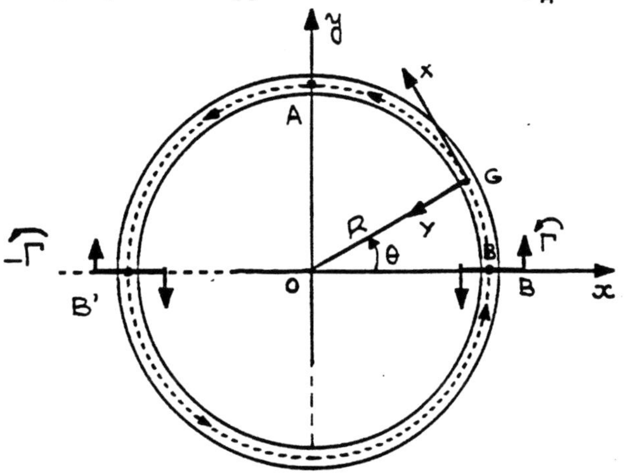

On négligera l'énergie due à l'effort normal et à l'effort tranchant devant celle due au moment de flexion.

- SOLUTION PROPOSEE -

1) D'après le chargement et la géométrie de la poutre, les seules composantes non nulles du visseur sont :

$$M_z\ ,\ T_y\ ,\ N \quad ;\ \text{On pose } M_z = M \qquad T_y = T$$

Le problème est plan (dans xoy).

Faisons une coupure au point A . Par symétrie $T(A) = 0$.

Le problème est hyperstatique d'ordre 2. Soit $M\ (A)$ et $N\ (A)$ les inconnues hyperstatiques.

2) Les composantes du visseur s'écrivent :

$$\begin{cases} 0<\theta<\pi : N = N(A)\sin\theta \;;\; T = N(A)\cos\theta \;;\; M = M(A)+N(A)R(1-\sin\theta) \\ \pi<\theta<2\pi : N = N(A)\sin\theta \;;\; T = N(A)\cos\theta \;;\; M = \Gamma(A)+N(A)R(1-\sin\theta) \end{cases}$$

Déterminons l'énergie élastique due au moment de flexion :

$$W = \frac{1}{EI}\int_0^{\frac{\pi}{2}}\left(M(A)+N(A)R(1-\sin\theta)\right)^2 R\,d\theta + \int_{-\frac{\pi}{2}}^{0}\left(\Gamma+M(A)+N(A)R(1-\sin\theta)\right)^2 R\,d\theta$$

D'après le théorème de Menabrea :

$$\frac{\partial W}{\partial M_A} = \frac{\partial W}{\partial N_A} = 0 \quad \Rightarrow \quad \begin{cases} M(A)+\frac{\Gamma}{2}+N(A)R = 0 \\ M(A)+\Gamma\left(\frac{\pi}{2}+1\right)+N(A)R\frac{3\pi}{2} = 0 \end{cases}$$

$$N(A) = -\frac{2}{\pi}\frac{\Gamma}{R} \simeq -0{,}64\frac{\Gamma}{R} \;;\; M(A) = \frac{4-\pi}{2\pi}\Gamma \simeq 0{,}14\,\Gamma$$

d'où :

$$0<\theta<\pi : N = -\frac{2}{\pi}\frac{\Gamma}{R}\sin\theta \;;\; T = \frac{2}{\pi}\frac{\Gamma}{R}\cos\theta \;;\; M = \Gamma\left(-\frac{1}{2}+\frac{2}{\pi}\sin\theta\right)$$

$$\pi<\theta<2\pi : N = -\frac{2}{\pi}\frac{\Gamma}{R}\sin\theta \;;\; T = -\frac{2}{\pi}\frac{\Gamma}{R}\cos\theta \;;\; M = \Gamma\left(\frac{1}{2}+\frac{2}{\pi}\sin\theta\right)$$

3) Appliquons la formule de Bresse pour les rotations :

$$\omega_A = \omega_B + \int_0^{\pi/2}\frac{M}{EI}R\,d\theta = \omega_B + \int_0^{\pi/2}\frac{\Gamma}{EI}\left(-\frac{1}{2}+\frac{2}{\pi}\sin\theta\right)R\,d\theta$$

$\omega_A = 0$ d'où :

$$\omega_B = \frac{\pi^2-8}{4\pi}\frac{\Gamma R}{EI} \simeq 0{,}298\,\frac{\Gamma . R}{EI}$$

Exercice II.6.10 : CALCUL D'UN ANNEAU SOUS PRESSION

On considère l'anneau représenté sur la figure, de plan moyen xOy, de section droite constante, de rayon moyen a .

Il est soumis à une force radiale, centripète, répartie, de densité $p\cos\theta$ sur l'arc $\widehat{B'AB}$ et $-p\cos\theta$ sur $\widehat{BA'B'}$ (mesure algébrique sur GY)

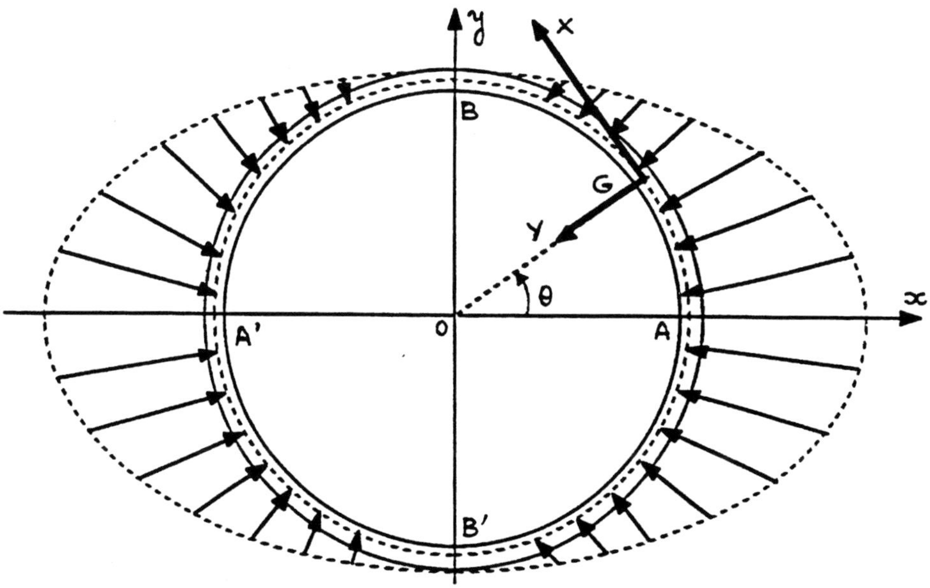

Donner les efforts tranchants et normaux sur les sections A , A' , B B'.

Calculer les composantes N , T , M du visseur sur la section droite courante. Calculer les déplacements subis par les sections A , A' , B , B'.

On négligera les déformations dues aux efforts normaux et tranchants devant celles dues au moment fléchissant.

- SOLUTION PROPOSEE -

Par raison de symétrie, T est nul dans les quatre sections remarquables; l'équilibre des demi-anneaux $\widehat{B'AB}$ puis $\widehat{ABA}$ donne :
$N_A = N_{A'} = -\frac{1}{2}\, a p$ et $N_B = N_{B'} = -\frac{\pi}{4}\, a p$; semblablement, on obtient :

$$M_A = M_{A'} \text{ et } M_B = M_{B'}.$$

Isolons le demi-anneau de droite; les équations de l'équilibre local s'écrivent :

$$\frac{dN}{d\theta} = T \; ; \; N + \frac{dT}{d\theta} = -a p \cos\theta \; ; \; \frac{dM}{d\theta} + a T = 0$$

Les deux premières donnent :

$$\frac{d^2N}{d\theta^2} + N = -a p \cos\theta \text{ d'où : } N = A\cos\theta + B\sin\theta - \frac{1}{2} a p\, \theta \sin\theta$$

La condition $N_B = -\frac{\pi}{4} a p$ donne $B = 0$

On en déduit : $T = -A\sin\theta - \frac{1}{2} a p \sin\theta - \frac{1}{2} a p\, \theta\cos\theta$

La condition $T_B = 0$ implique $A = -\frac{1}{2} a p$.

L'intégration de la 3° équation donne alors :

$$M(\theta) = \frac{1}{2} a^2 p \; (\theta\sin\theta + \cos\theta + C)$$

La formule de Bresse pour les rotations entre A et B s'écrit :

$$\int_0^{\frac{\pi}{2}} M(\theta).\, d\theta = 0 \text{ qui implique } C = -\frac{4}{\pi} \text{ et } M_B = \frac{\pi^2 - 8}{4\pi}\, a^2 p$$

D'où :

$$N(\theta) = -\frac{1}{2} a p\, (\cos\theta + \theta\sin\theta) \; ; \; T(\theta) = -\frac{a p}{2}\, \theta\cos\theta$$

et

$$M(\theta) = \frac{1}{2} a^2 p \left(\theta\sin\theta + \cos\theta - \frac{4}{\pi}\right)$$

$$\Rightarrow M_B = M_{B'} = \frac{\pi^2 - 8}{4\pi} a^2 p = 0{,}1488\, a^2 p \text{ et } M_A = M_{A'} = \frac{\pi - 4}{2\pi}\, a^2 p = -0{,}1366\, a^2 p$$

La formule de Bresse pour les translations donne :

$$u_A = \frac{a^2}{EI} \int_0^{\frac{\pi}{2}} M.(1 - \sin\theta)\, d\theta = -\frac{\pi^3 + 12\pi - 64}{32\pi} \frac{a^4 p}{EI} = -0{,}047 \frac{a^4 p}{EI}$$

$$v_B = -\frac{a^2}{EI} \int_0^{\frac{\pi}{2}} M\cos\theta\, d\theta = \frac{32 - 3\pi^2}{16\pi} \frac{p a^4}{EI} = 0{,}048 \frac{a^4 p}{EI}$$

Exercice II.6.11 : ANNEAU SOUMIS A DEUX MOMENTS DE TORSION OPPOSES

On considère un anneau circulaire soumis à l'action de deux moments de torsion opposés $\overleftarrow{\Gamma}$ et $-\overleftarrow{\Gamma}$ appliqués sur deux sections A et A' , diamétralement opposées.

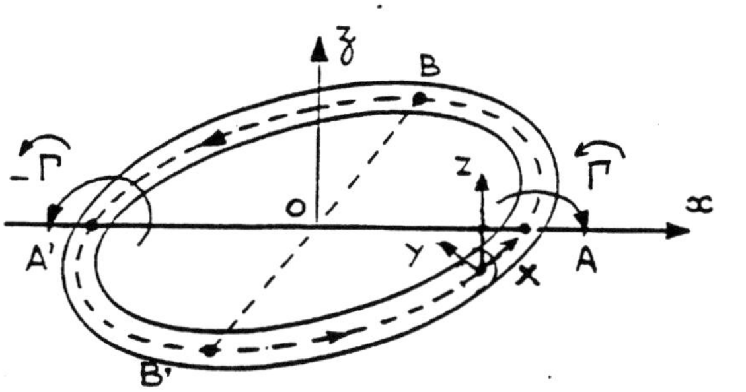

$$\left.\begin{array}{l}\overleftarrow{\Gamma} : (0, \Gamma, 0) \\ -\overleftarrow{\Gamma} : (0, -\Gamma, 0)\end{array}\right\} \text{dans} \quad \{x, y, z\}$$

1) Déterminer, pour une section droite, courante les composantes du visseur, la section droite étant repérée par l'angle polaire θ .

2) Tracer les diagrammes de M_X et M_Y, en fonction de θ .

3) Calculer la rotation de la section droite S_A .

- SOLUTION PROPOSEE -

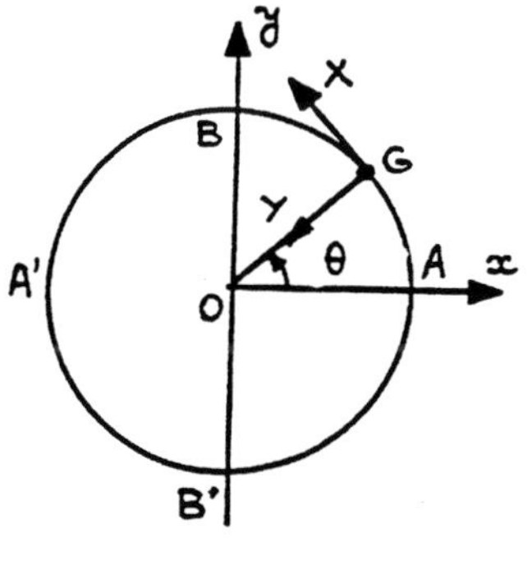

Effectuons des coupures en B et B' .

La symétrie du problème par rapport au plan (Oyz) entraîne :

$$T_Y(B) = T_Y(B') = 0$$

$$T_Z(B) = T_Z(B') = 0$$

$$M_X(B) = M_X(B') = 0$$

La symétrie par rapport au plan (xOz) donne, en écrivant l'équilibre du demi-anneau :

$$N(B) = N(B') = 0$$

$$M_Y(B) = M_Y(B') = \frac{\Gamma}{2}$$

Le problème est hyperstatique d'ordre 1.

Prenons $M_Z(B)$ comme inconnue hyperstatique.

Les composantes non nulles du visseur s'écrivent :

1) $0 < \theta < \pi$ $\quad M_x = -\frac{\Gamma}{2}\cos\theta \quad M_y = \frac{\Gamma}{2}\sin\theta \quad M_z = M_z(B)$

2) $-\pi < \theta < 0$ $\quad M_x = \frac{\Gamma}{2}\cos\theta \quad M_y = -\frac{\Gamma}{2}\sin\theta \quad M_z = M_z(B)$

L'énergie élastique s'écrit, d'autre part :

$$W = \int_0^{\pi}\left(\frac{\Gamma^2\cos^2\theta}{4GJ} + \frac{\Gamma^2\sin^2\theta}{4EI_y}\right)R\,d\theta + \int_0^{\pi}\frac{(M_z(B))^2}{EI_z}R\,d\theta$$

d'après le théorème de Menabrea : $\frac{\partial W}{\partial M_{zB}} = 0$ d'où $M_z(B) = 0$

2) diagrammes

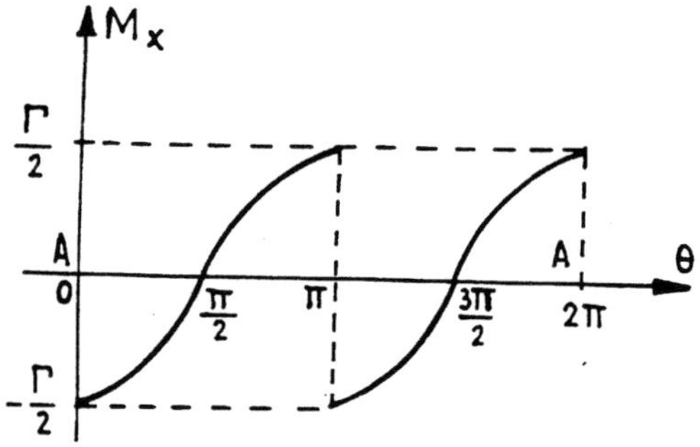

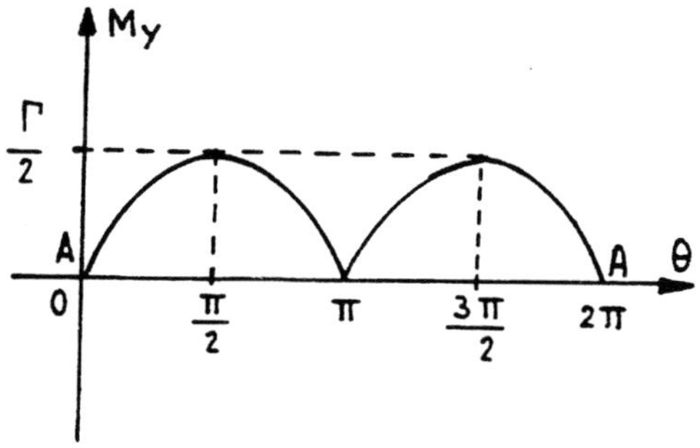

3) Rotation de la section droite S_A :

D'après la formule de Bresse pour les rotations :

$$\widehat{\omega}_{A'} = \widehat{\omega}_A + \int_{\widehat{AA'}}\left(\frac{\widehat{M_x}}{GJ} + \frac{\widehat{M_y}}{EI_y}\right)ds$$

$$\widehat{\omega}_{A'} = \widehat{\omega}_A + \int_0^{\pi}\left\{-\frac{\Gamma\cos\theta}{2\,GJ}\left[\cos\theta\vec{j} - \sin\theta\vec{i}\right] + \frac{\Gamma}{2}\frac{\sin\theta}{EI_y}\left[-\sin\theta\vec{j} - \cos\theta\vec{i}\right]\right\}R\,d\theta$$

$$\widehat{\omega}_{A'} = \widehat{\omega}_A - \left(\frac{\pi R}{4GJ}\vec{j} + \frac{\pi R}{4EI_y}\vec{j}\right).\Gamma$$

Par raison de symétrie et vu la nullité de M_z, la seule composante non nulle du vecteur rotation $\widehat{\omega}_A$ est celle autour du vecteur $\vec{j}$ et $\widehat{\omega}_{A'} = -\widehat{\omega}_A$

$$\widehat{\omega}_A = \frac{\pi R\Gamma}{8}\left[\frac{1}{GJ} + \frac{1}{EI_y}\right]\vec{j}$$

Exercice II.6.12 : DEFORMATION D'UN ANNEAU SOUS SON PROPRE POIDS

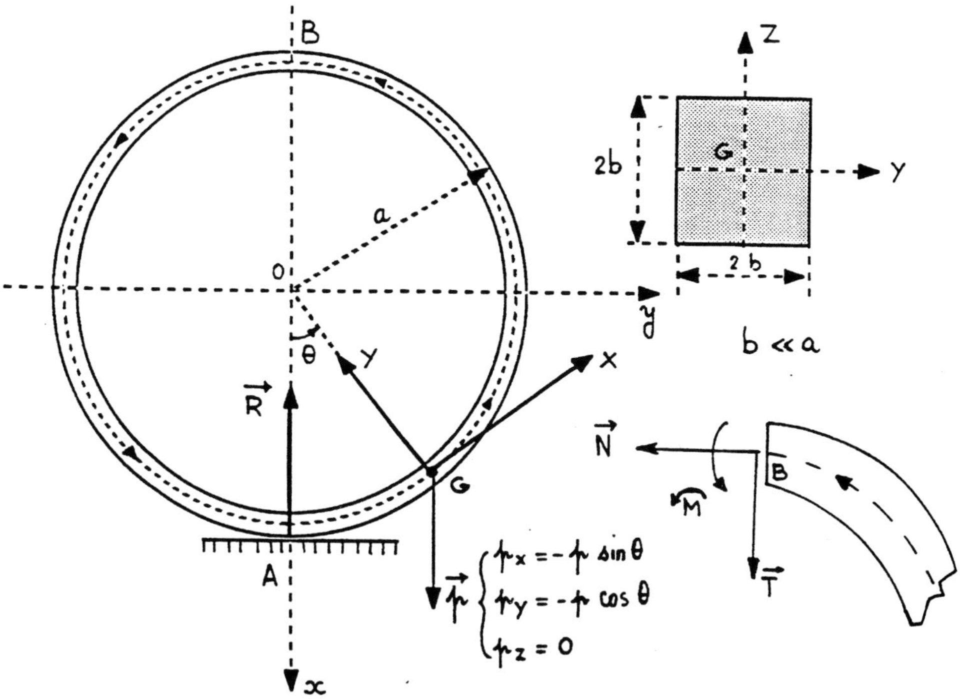

Un anneau circulaire de section carrée est posé sur un sol horizontal et soumis à son propre poids $P = 2\pi\, a\, p$, équilibré par la réaction $\vec{R}$. La figure donne les notations, conventions et axes. Calculer les composantes non nulles du visseur sur la section courante, soit $N(\theta)$, $T(\theta)$, $M(\theta)$ et tracer les diagrammes.

Calculer la flèche $V(\theta)$, algébrique sur GY, en négligeant les influences des efforts normal et tranchant.

- SOLUTION PROPOSEE -

A cause de la symétrie de plan xoy, on coupe suivant (S_B) et on applique sur la lèvre $(S_{\bar{B}})$: $\bar{N}$, $\bar{T}$, $\bar{M}$ avec $\bar{N}$ et $\bar{M}$ inconnues et $\bar{T} = 0$ (raison de symétrie).

Les équations d'équilibre d'une tranche élémentaire s'écrivent :

$$\frac{dN}{d\theta} - T = p\,a \sin\theta \; ; \; \frac{dT}{d\theta} + N = p\,a\cos\theta \; ; \; \frac{dM}{d\theta} + a\,T = 0$$

L'intégration donne :

$$N = ap\left[(A+\theta)\sin\theta - B\cos\theta\right]$$

$$T = ap\left[(A+\theta)\cos\theta + B\sin\theta\right]$$

$$M = -pa^2\left[(A+\theta)\sin\theta + (1-B)\cos\theta + C\right]$$

Les conditions : $T(\pi)=0$; $\omega_\pi - \omega_0 = 0 = \int_0^\pi M.d\theta$; $v_\pi - v_0 = 0 = \int_0^\pi M\cos\theta\, d\theta$

donnent les constantes d'intégration :

$$A = -\pi\,,\quad B = \frac{1}{2}\quad \text{et } C = 1$$

D'où les diagrammes :

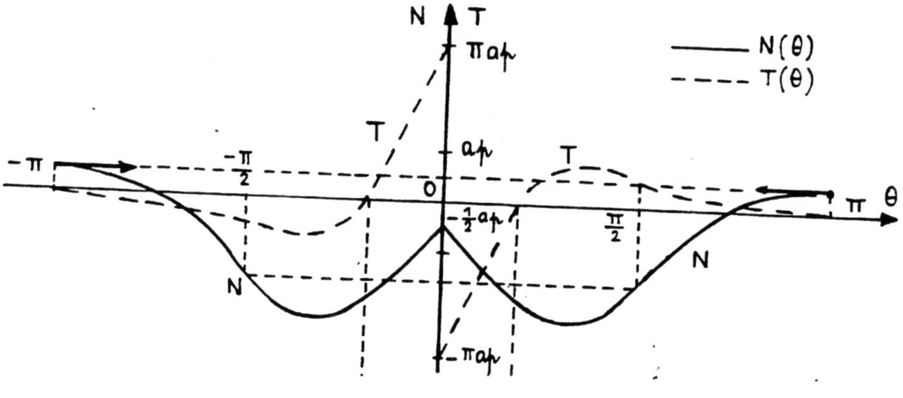

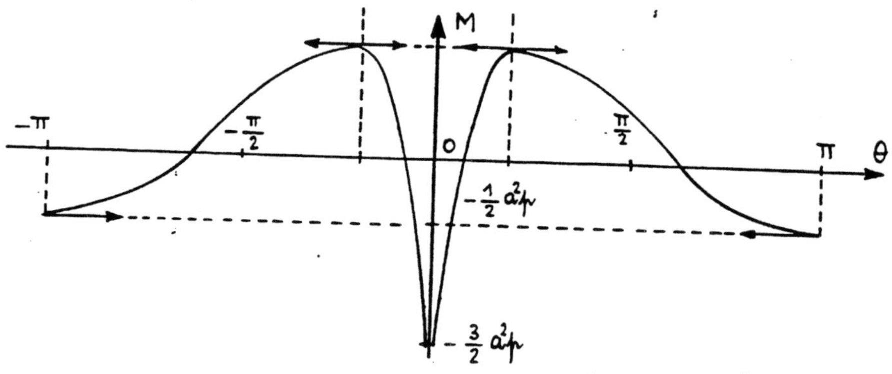

L'intégration de l'équation aux flèches : $\dfrac{d^2V}{d\theta^2} + V = \dfrac{R^4M}{EI}$,
donne, compte tenu de la condition $V(0) = 0$ et de la symétrie :

$$V(\theta) = \frac{pa^4}{4EI}\left[2(\pi-\theta)\sin\theta + 4\cos\theta - 2\pi\theta\cos\theta + \theta^2\cos\theta - 4\right]$$

Exercice II.6.13 : PORTIQUE A MONTANTS CIRCULAIRES

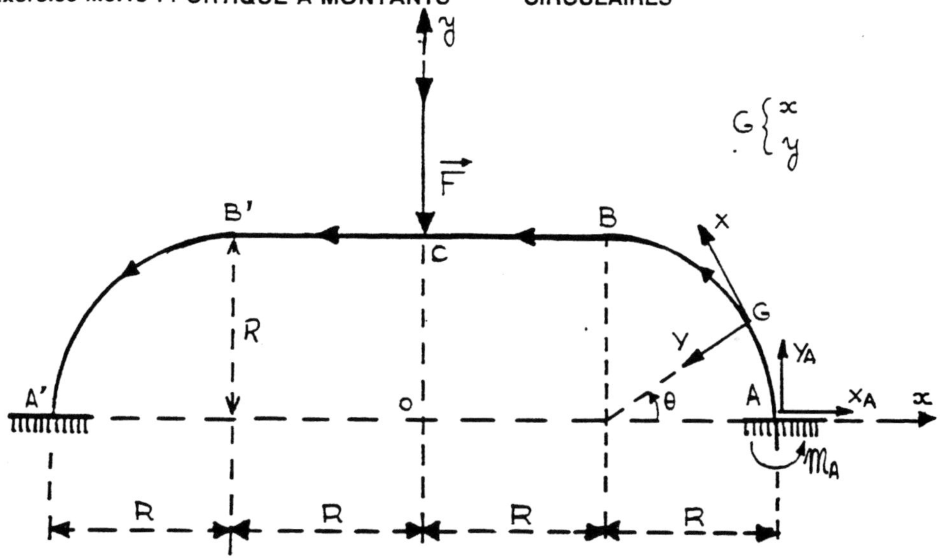

On considère le portique représenté sur la figure, admettant (xoy) comme plan de symétrie, de section droite uniforme (S, EI). On demande de calculer les efforts de liaison, le visseur sur chaque section droite et la flèche prise en C, en négligeant l'influence des efforts normaux et tranchants.

- SOLUTION PROPOSEE -

Les équations d'équilibre et la symétrie donne :

$Y_A = Y_{A'} = \frac{1}{2}F$; $X_A + X_{A'} = 0$; $\mathcal{M}_A + \mathcal{M}_{A'} = 0$; le degré d'hyperstaticité est donc 2.

On a alors, sur $\widehat{AB}$:

$$N = -\frac{F}{2}\cos\theta + X_A \sin\theta$$

$$T = \frac{F}{2}\sin\theta + X_A\cos\theta$$

$$M = -\mathcal{M}_A - X_A R\sin\theta - \frac{F}{2}R(1-\cos\theta)$$

et sur $\widehat{BC}$:

$$N = X_A \ , \ T = \frac{F}{2} \ , \ M = -\mathcal{M}_A - \frac{F}{2}(2R - x) - X_A R$$

L'énergie potentielle élastique emmagasinée par le portique est

$$\mathcal{W} = \frac{1}{EI}\left[\int_0^{\frac{\pi}{2}} M^2(AB)\, R\, d\theta + \int_0^R M^2(BC)\, dx\right]$$

Le théorème de Menabrea donne :

$$\frac{\partial \mathcal{W}}{\partial X_A} = 0 \qquad \text{et} \qquad \frac{\partial \mathcal{W}}{\partial \mathcal{M}_A} = 0$$

soit, tous calculs faits :

$$2\mathcal{M}_A + \left(1+\frac{\pi}{4}\right) R X_A = -RF \quad \text{et} \quad \left(1+\frac{\pi}{2}\right)\mathcal{M}_A + 2RX_A = -\frac{1+\pi}{4} RF$$

ou numériquement :

$$2\mathcal{M}_A + 1,785\, R X_A = -RF \quad \text{et} \quad 2,571\,\mathcal{M}_A + 2RX_A = -\,1,035\, RF$$

On en tire : $X_A = -0,850\ F$ et $\mathcal{M}_A = 0,259\ RF$

Le déplacement du point C est donné par le théorème de Castigliano, où W est fonction de F seul :

$$v_C = -\frac{\partial W}{\partial F} = -\,0,181\,\frac{FR^3}{EI}$$

Exercice II.6.14 : PORTIQUES A MONTANTS EN ARCS DE CERCLES

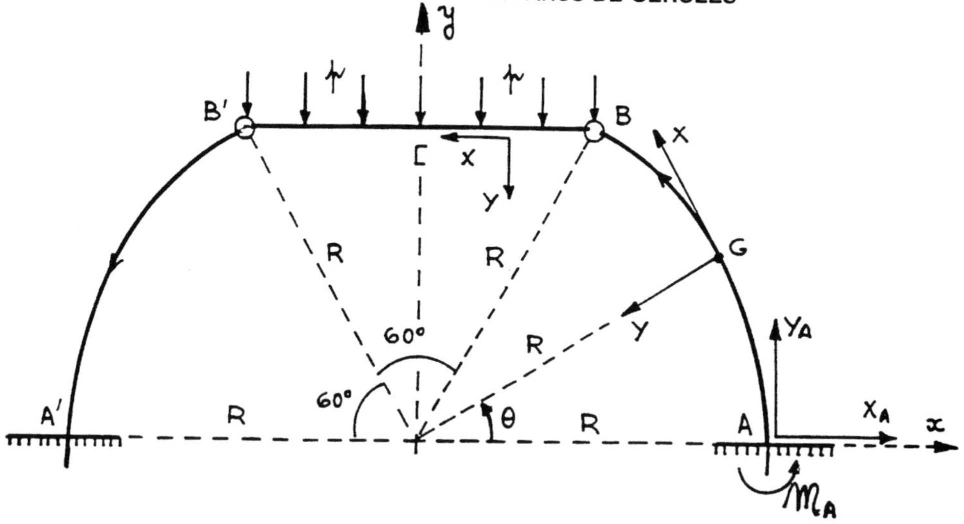

On considère le portique représenté sur la figure; les liaisons en B et B' sont des pivots d'axes parallèles à $z'z$; Ces trois poutres sont de section droite uniforme ; $P = p \cdot R$ désigne la résultante du chargement, uniformément réparti. On demande de calculer les efforts de liaison, les composantes N , T et M du visseur sur les 3 poutres et la flèche v_C prise par le point C. Les déformations dues aux efforts tranchant et normal sont négligeables.

- <u>SOLUTION PROPOSEE</u> -

L'équilibre global et la symétrie donnent :

$$X_A + X_{A'} = 0 \;;\; Y_A = Y_{A'} = p\,\frac{R}{2} \;;\; \mathcal{M}_A + \mathcal{M}_{A'} = 0$$

L'équilibre de la poutre $\widehat{AB}$ montre que son action en B sur la poutre $\widehat{B'B}$ a pour composantes : X_A et $Y_A = \frac{pR}{2}$ et implique la relation :

$$\frac{\sqrt{3}}{2} R X_A + \mathcal{M}_A = -\frac{1}{4} p R^2$$ (équilibre des moments).

Le degré d'hyperstaticité est donc 1.

sur la poutre $\widehat{AB}$, on a :

$$N = X_A \sin\theta - \frac{1}{2} p R \cos\theta$$

$$T = X_A \cos\theta + \frac{1}{2} p R \sin\theta$$

$$M = -\mathcal{M}_A - X_A R \sin\theta - \frac{1}{2} p R^2 (1 - \cos\theta)$$

soit, compte tenu de la relation d'équilibre précédente :

$$M = \frac{1}{2} p R^2 \left(-\frac{1}{2} + \cos\theta\right) + R X_A \left(\frac{\sqrt{3}}{2} - \sin\theta\right)$$

sur la poutre $\widehat{BB'}$, on a : $N = X_A$; $T = p x$; $M = -\frac{1}{8} p R^2 \left(1 - 4\frac{x^2}{R^2}\right)$

L'énergie potentielle élastique de flexion emmagasinée par la structure a pour expression :

$$\mathcal{W} = \frac{R}{EI} \int_0^{\frac{\pi}{3}} M^2(AB)\, d\theta + \frac{1}{EI} \int_0^{\frac{R}{2}} M^2(BC) . dx$$

Le théorème de Menabrea nous permet d'écrire : $\frac{\partial \mathcal{W}}{\partial X_A} = 0$

ce qui donne : $X_A = -\frac{15 - 2\pi\sqrt{3}}{20\pi - 30\sqrt{3}} p R = -0{,}379 p R$

Le déplacement de B suivant Oy peut se calculer par la formule de Bresse :

$$v_B = \int_0^{\frac{\pi}{3}} M(\widehat{AB}) \frac{R^2}{EI} \left(\frac{1}{2} - \cos\theta\right) d\theta$$

$$v_B = -\frac{R}{48EI} \left[(4\pi + 6 - 9\sqrt{3}) p R + (30 - 4\pi\sqrt{3}) X_A\right]$$

$$v_B = -\frac{pR^4}{48EI} \left[4\pi + 6 - 9\sqrt{3} - (30 - 4\pi\sqrt{3}) \frac{15 - 2\pi\sqrt{3}}{20\pi - 30\sqrt{3}}\right]$$

$$v_B = -0{,}003 \frac{pR^4}{EI}$$

D'autre part, la flèche prise par le point C , par rapport à ses appuis B et B' vaut : $-\frac{5}{384} \frac{pR^4}{EI} = -0{,}013 \frac{pR^4}{EI}$

On en déduit la flèche v_C prise par C dans le repère (Oxy) :

$$v_C = (-0{,}003 - 0{,}013) \frac{pR^4}{EI} = -0{,}016 \frac{pR^4}{EI}$$

CHAPITRE VII

FLAMBEMENT

Exercice II.7.1 : STRUCTURE PLANE A 3 BARRES INDEFORMABLES

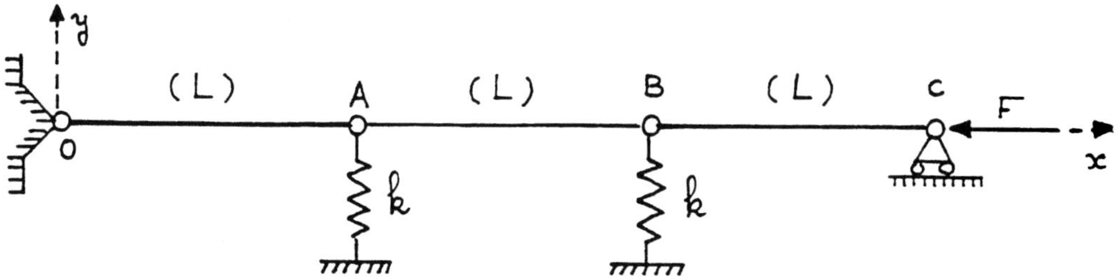

La figure représente la configuration "de repos".
Les liaisons en O, A, B, C sont des pivots d'axes parallèles à $z'z$.
Le chargement consiste en une force de compression axiale F.
Déterminer les modes propres de flambement et les chargements critiques correspondants.

- <u>SOLUTION PROPOSEE</u> -

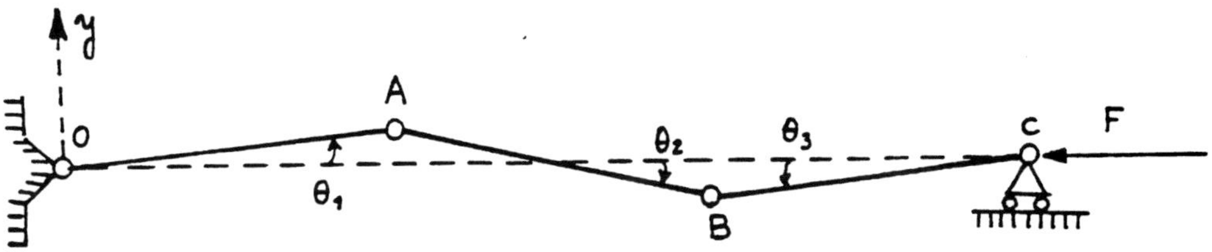

Considérons une configuration d'équilibre, représentée sur la figure ci-dessus, infiniment voisine de la configuration de repos. Les trois paramètres angulaires θ_1, θ_2, θ_3 étant liés par la relation $\theta_1 + \theta_2 + \theta_3 = 0$ (obtenue en projetant sur Oy la relation $\vec{OA} + \vec{AB} + \vec{BC} = \vec{OC}$), la structure possède deux degrés de liberté.

En prenant θ_1 et θ_3 comme paramètres de configuration, employons la méthode energétique (Lejeune - Dirichlet) avec :

$E_T = V + W$ (énergie potentielle totale, extérieure + intérieure)

$$V = -\frac{1}{2} FL \left(2\theta_1^2 + 2\theta_1\theta_3 + 2\theta_3^2 \right)$$

$$W = \frac{1}{2} k L^2 \left(\theta_1^2 + \theta_3^2 \right)]$$

$$2\,E_T = (kL^2 - 2FL)(\theta_1)^2 - 2FL\,\theta_1 . \theta_3 + (kL^2 - 2FL).(\theta_3)^2$$

$$E_T = \frac{1}{2}\left\{\theta_1\ \theta_3\right\} . \begin{bmatrix} kL^2 - 2FL & -FL \\ -FL & kL^2 - 2FL \end{bmatrix} . \begin{Bmatrix} \theta_1 \\ \theta_3 \end{Bmatrix}$$

Cette forme quadratique a pour valeurs propres :

$$\lambda_1 = kL^2 - 3FL \qquad \lambda_2 = kL^2 - FL$$

et pour vecteurs propres :

$$\vec{E}_1(1,1) \qquad \vec{E}_2(-1,1)$$

Sa forme diagonale est :

$$E_T = \frac{1}{2}\left[(kL^2 - 3FL)\left(\frac{\theta_1 + \theta_3}{2}\right)^2 + (kL^2 - FL)\left(\frac{\theta_1 - \theta_3}{2}\right)^2\right]$$

La configuration de repos est un équilibre stable, si elle correspond à un minimum de $E_T(\theta_1, \theta_3)$, donc si la forme quadratique est définie positive, donc si les deux valeurs propres sont positives :

$$kL^2 - 3FL > 0 \qquad kL^2 - FL > 0$$

On retrouve les deux équilibres indifférents qui rendent l'énergie totale E_T identiquement nulle :

$$F_{c_1} = \frac{kL}{3} \text{ et } \theta_1 = \theta_3 \quad ; F_{c_2} = kL \quad \text{ et } \theta_1 + \theta_3 = 0$$

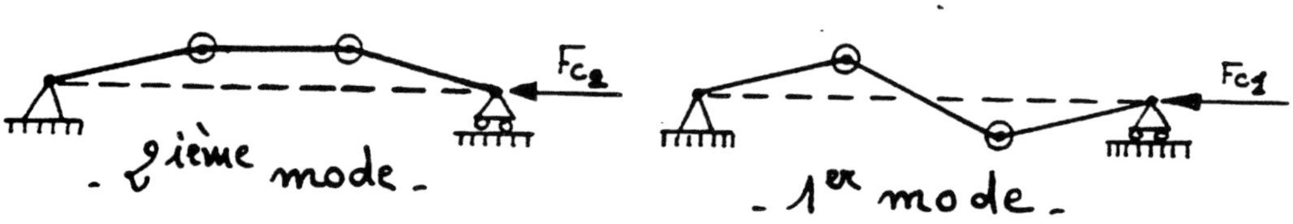

La structure possédant deux degrés de liberté, on a deux modes propres de flambement.

Exercice II.7.2 : POUTRE HORIZONTALE COMPRIMEE ET PESANTE

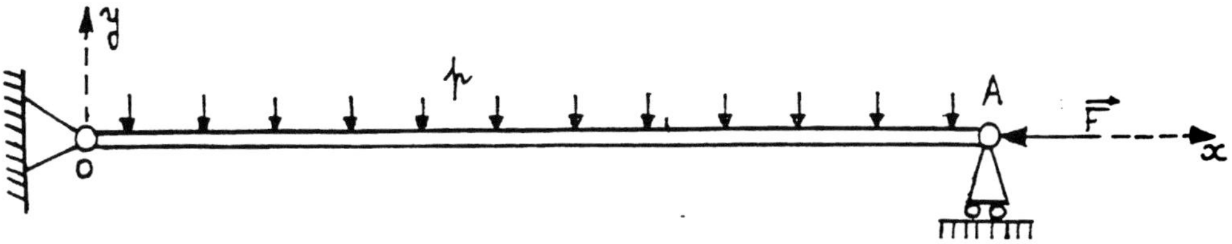

Une poutre prismatique, horizontale, à plan moyen xoy , de caractéristiques (L , E , I , p) est soumise à son propre poids $P = p.L$. On demande de calculer la force critique de compression amenant le flambement par flexion dans le plan xoy ; on a $I = I_Z \ll I_Y$; la figure précise les axes et les liaisons. On s'intéresse uniquement au mode fondamental.

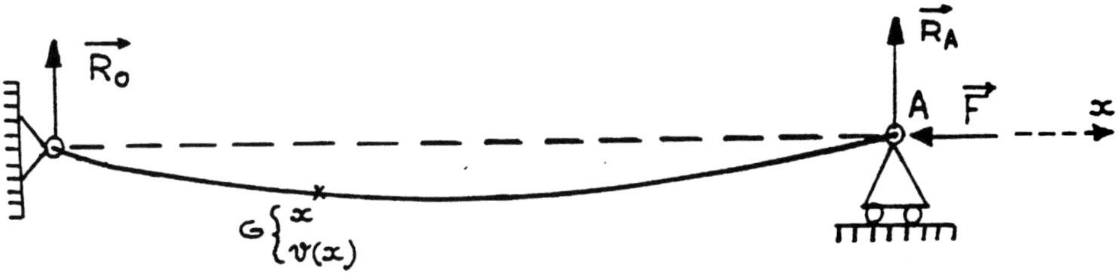

Plaçons nous dans une configuration déformée infiniment voisine de la configuration de repos (poutre non chargée) ; l'équilibre donne :

$$R_O = R_A = \frac{P}{2} = \frac{1}{2} p L$$

Le moment fléchissant en G , d'abscisse x , vaut :

$$M_Z = M = R_A (L - x) - F.v(x) - \frac{1}{2} p (L - x)^2$$

Soit :

$$M = - F.v(x) + \frac{1}{2} p (Lx - x^2)$$

La flèche $v(x)$ satisfait à l'équation différentielle :

$$\frac{d^2 v}{dx^2} = \frac{M}{EI} \quad \text{soit :} \quad \frac{d^2 v}{dx^2} + \frac{F}{EI} v = \frac{1}{2} p \frac{Lx - x^2}{EI}$$

La solution générale s'écrit, avec $\omega^2 = \dfrac{F}{EI}$:

$$v(x) = A \cos \omega x + B \sin \omega x - \frac{p}{2F} \left(x^2 - Lx - \frac{2EI}{F} \right)$$

Les conditions aux limites, imposées par les liaisons, donnent :

$$\vartheta(0) = 0 \implies A = -\frac{p EI}{F^2}$$

$$\vartheta(L) = 0 \implies A \cos \omega L + B \sin \omega L + p \frac{EI}{F^2} = 0$$

D'où l'on tire

$$B = -p \frac{EI}{F^2} \cdot \mathrm{tg} \frac{\omega L}{2}$$

et enfin :

$$\vartheta(x) = -p \frac{EI}{F^2} \left[\cos \omega x + \mathrm{tg} \frac{\omega L}{2} \sin \omega x \right] - \frac{p}{2F} \left[x^2 - Lx - \frac{2EI}{F} \right]$$

La flèche maximale est :

$$\vartheta\left(\frac{L}{2}\right) = -p \frac{EI}{F^2} \cdot \frac{1 - \cos \frac{\omega L}{2} - \frac{1}{2}\left(\frac{\omega L}{2}\right)^2 \cos \frac{\omega L}{2}}{\cos \frac{\omega L}{2}}$$

Lorsque $\frac{\omega L}{2}$ croît de 0 à $\frac{\pi}{2}$ (donc F croît de 0 à $\frac{\pi^2 EI}{L^2}$), cette flèche maximale tend vers $+\infty$

La charge critique fondamentale est :

$$F_{c_1} = \pi^2 \frac{EI}{L^2}$$

comme dans le cas d'Euler ; par contre le phénomène de flambement, avec poids propre, est plus progressif.

Exercice II.7.3 : FLAMBEMENT PAR FLEXION PLANE D'UNE POUTRE COMPRIMEE D'«INERTIE VARIABLE».

On considère la poutre (ABO) de ligne moyenne rectiligne, de plan moyen xOy , constituée des deux tronçons soudés OB et BA , de rigidités de flexion respectives EI_1 et EI_2 , et de longueurs ℓ_1 et ℓ_2 .

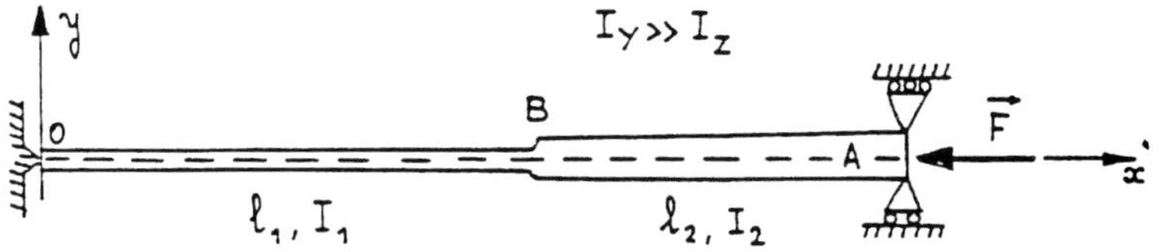

On demande de déterminer la force critique de flambement de cette poutre en fonction de (I_1, I_2, ℓ_1 , ℓ_2).

- SOLUTION PROPOSEE -

L'équilibre de la poutre en configuration déformée conduit aux équations :

$$\begin{cases} X_0 - F = 0 \\ Y_0 + Y_A = 0 \\ Y_A(\ell_1+\ell_2) = 0 \end{cases} \Rightarrow X_0 = F\,,\ Y_0 = Y_A = 0$$

Les expressions des moments fléchissants sur les tronçons OB et BA , sont les suivantes :

$$— \ 0 < x < \ell_1 \qquad \Longrightarrow \qquad M_1 = -F v_1(x)$$

$$— \ \ell_1 < x < \ell_1+\ell_2 \qquad \Longrightarrow \qquad M_2 = -F v_2(x)$$

Les relations moment-courbure conduisent alors aux équations différentielles donnant $v_1(x)$ et $v_2(x)$ (flèches) :

$$— \ \underline{0 < x < \ell_1} \quad \Rightarrow \quad \begin{cases} EI_1 \dfrac{d^2 v_1}{dx^2} + F v_1 = 0 \\ v_1 = A_1 \sin \omega_1 x + B_1 \cos \omega_1 x \\ (\omega_1)^2 = \dfrac{F}{EI_1} \end{cases}$$

$$— \ \underline{\ell_1 < x < \ell_1+\ell_2} \quad \Rightarrow \quad \begin{cases} EI_2 \dfrac{d^2 v_2}{dx^2} + F . v_2 = 0 \\ v_2 = A_2 \sin \omega_2 x + B_2 \cos \omega_2 x \\ (\omega_2)^2 = \dfrac{F}{EI_2} \end{cases}$$

Les conditions aux limites permettent d'écrire les relations que doivent satisfaire les constantes d'intégration A_1 , B_1 , A_2 , B_2 .

$$v_1(0) = 0 \ ; \ v_1(\ell_1) = v_2(\ell_1) ; \left(\frac{dv_1}{dx}\right)_{\ell_1} = \left(\frac{dv_2}{dx}\right)_{\ell_1} ; v_2(\ell_1+\ell_2) = 0$$

On en déduit :

$$\begin{cases} B_1 = 0 \\ A_1 \sin \omega_1 \ell_1 + B_1 \cos \omega_1 \ell_1 = A_2 \sin \omega_2 \ell_1 + B_2 \cos \omega_2 \ell_1 \\ \omega_1 (A_1 \cos \omega_1 \ell_1 - B_1 \sin \omega_1 \ell_1) = \omega_2 (A_2 \cos \omega_2 \ell_1 - B_2 \sin \omega_2 \ell_1) \\ A_2 \sin \omega_2 (\ell_1 + \ell_2) + B_2 \cos \omega_2 (\ell_1 + \ell_2) = 0 \end{cases}$$

Soit le système linéaire homogène :

$$\begin{bmatrix} \sin \omega_1 \ell_1 & - \sin \omega_2 \ell_1 & - \cos \omega_2 \ell_1 \\ \omega_1 \cos \omega_1 \ell_1 & - \omega_2 \cos \omega_2 \ell_1 & \omega_2 \sin \omega_2 \ell_1 \\ 0 & \sin \omega_2 (\ell_1 + \ell_2) & \cos \omega_2 (\ell_1 + \ell_2) \end{bmatrix} \begin{Bmatrix} A_1 \\ A_2 \\ B_2 \end{Bmatrix} = \begin{Bmatrix} 0 \\ 0 \\ 0 \end{Bmatrix}$$

La condition de non trivialité de la solution impose :

$$\det \begin{bmatrix} \sin \omega_1 \ell_1 & - \sin \omega_2 \ell_1 & - \cos \omega_2 \ell_1 \\ \omega_1 \cos \omega_1 \ell_1 & - \omega_2 \cos \omega_2 \ell_1 & \omega_2 \sin \omega_2 \ell_1 \\ 0 & \sin \omega_2 (\ell_1 + \ell_2) & \cos \omega_2 (\ell_1 + \ell_2) \end{bmatrix} = 0$$

Soit

$$\omega_2 \sin \omega_1 \ell_1 \cos \omega_2 \ell_2 + \omega_1 \cos \omega_1 \ell_1 \sin \omega_2 \ell_2 = 0$$

ou encore

$$\frac{\mathrm{tg}\, \omega_1 \ell_1}{\mathrm{tg}\, \omega_2 \ell_2} = - \frac{\omega_1}{\omega_2} = - \sqrt{\frac{I_2}{I_1}}$$

Cette équation transcendante à une inconnue F , a pour racines, les valeurs critiques cherchées F_{c1} , F_{c2} , ...

Exercice II.7.4 : POUTRE FLEXIBLE AVEC RESSORT SPIRALE

On considère la poutre prismatique, de plan moyen xOy, représentée sur la figure, de caractéristiques L , E , I ($I = I_z \ll I_y$). Le ressort spirale a pour rigidité k . On veut calculer les charges critiques de flambement par flexion plane de cette poutre comprimée.

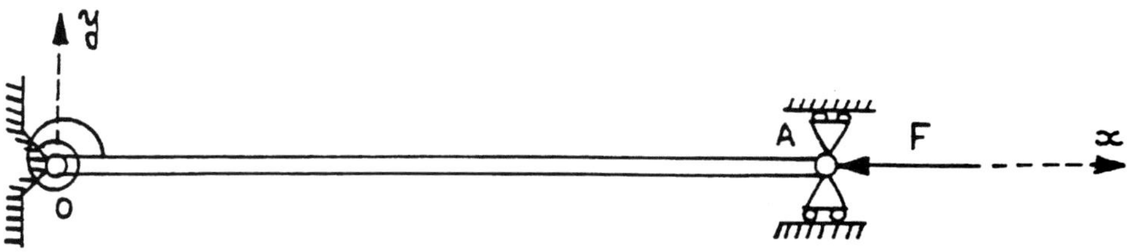

- SOLUTION PROPOSEE -

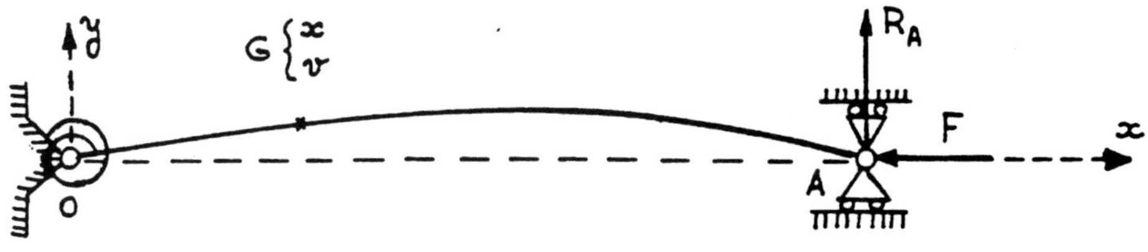

En configuration déformée, infiniment voisine de la configuration de repos, les équations de l'équilibre global de la poutre, s'écrivent :

$$R_O + R_A = 0 , \quad R_A . L + \mathcal{M}_0 = 0 \qquad \mathcal{M}_0 = - k\left(\frac{dv}{dx}\right)_0$$

Le moment fléchissant en G pour expression :

$$M = - \mathcal{M}_0 + x . R_0 - F . v$$

L'équation différentielle de la flèche s'écrit donc :

$$\frac{d^2 v}{dx^2} + \frac{F}{EI} v = - \frac{\mathcal{M}_0}{EI} \left[1 - \frac{x}{L} \right]$$

Sa solution générale est :

$$v(x) = A \cos \omega x + B \sin \omega x - \frac{\mathcal{M}_0}{F} \left(1 - \frac{x}{L}\right) \text{avec} \quad \omega^2 = \frac{F}{EI}$$

Les conditions aux limites impliquent :

$$v(0) = 0 \implies A = \frac{\mathcal{M}_0}{F}$$

$$\mathcal{M}_0 = -k\, v'(0) \implies B\omega + \frac{\mathcal{M}_0}{FL} = -\frac{\mathcal{M}_0}{k}$$

$$v(L) = 0 \implies A \cos \omega L + B \sin \omega L = 0$$

On en déduit l'équation "aux forces critiques".

$$\operatorname{tg} \omega L = \frac{\omega L}{1 + \frac{EL}{k}} = \frac{\omega}{\frac{1}{L} + \frac{EI}{k}\omega^2}$$

Pour $k = 0$, on retrouve bien entendu le cas fondamental d'Euler, d'équation caractéristique $\operatorname{tg} \omega L = 0$, d'où $\omega L = n\pi$ (n entier positif) et $F_{cn} = n^2 \frac{\pi^2 EI}{L^2}$

Pour $\frac{1}{k} = 0$ (encastrement en O), on retrouve la poutre encastrée - appuyée, étudiée dans le cours, avec pour équation caractéristique : $\operatorname{tg} \omega L = \omega L$.

Exercice II.7.5 : POUTRE FLEXIBLE AVEC UN APPUI ELASTIQUE

Une poutre prismatique de longueur 2L repose sur trois appuis dont un élastique de raideur k , comme le montre la figure ; la rigidité linéique de flexion est notée EI , avec $I = I_z \ll I_y$. On demande de calculer la force critique de flambement (flambement par flexion plane d'une poutre comprimée), correspondant au mode de la figure 2.

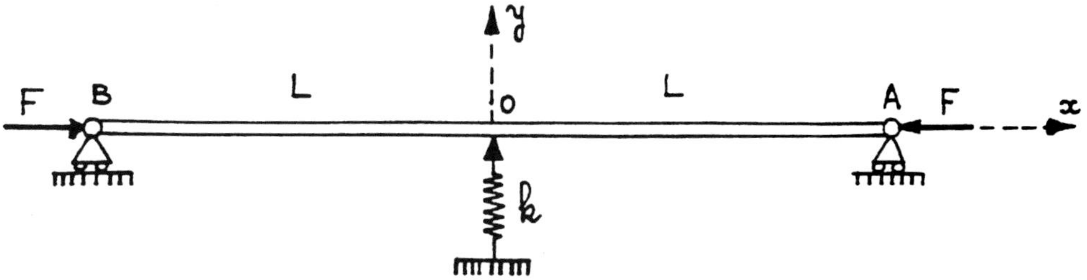

- SOLUTION PROPOSEE -

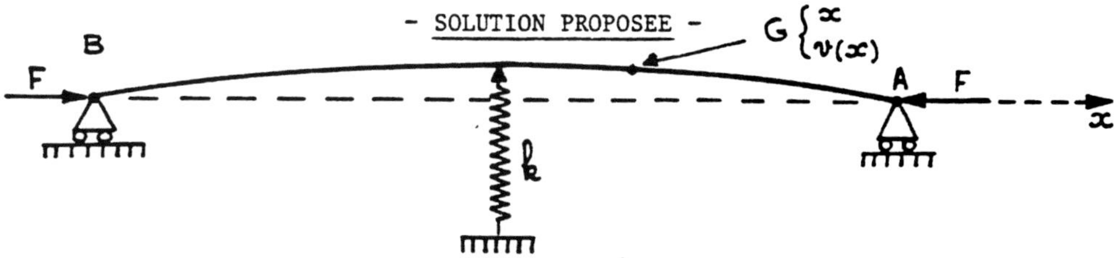

L'équilibre global donne $\begin{cases} R_O = -k v_0 \\ R_A = R_B = -\dfrac{R_O}{2} \end{cases}$

Compte tenu de la symétrie, il nous suffit de raisonner sur le tronçon OA , ($x > 0$) ; le moment fléchissant y a pour expression :

$$M = -F.v + \frac{1}{2} k v_0 (L - x)$$

La flèche $v(x)$ satisfait à l'équation différentielle :

$$\frac{d^2v}{dx^2} = \frac{M}{EI} \qquad \text{soit} \qquad \frac{d^2v}{dx^2} + \frac{F}{EI} v = \frac{k v_0}{2EI} (L - x)$$

La solution générale s'écrit :

$$v = A \cos \omega x + B \sin \omega x + \frac{k v_0}{2F} (L - x)$$

avec : $\omega^2 = \dfrac{F}{EI}$

Les conditions de liaison donnent :

$$v(L) = 0 \implies A\cos\omega L + B\sin\omega L = 0$$

$$v'(0) = 0 \implies B\omega = \frac{k v_0}{2F} = \frac{k v_0}{2EI\omega^2} \qquad \text{(cas fondamental)}$$

$$v(0) = v_0 \implies A + \frac{k v_0 L}{2F} = v_0$$

soit le système linéaire homogène par rapport à A, B, v_0 :

$$\begin{bmatrix} \cos\omega L & \sin\omega L & 0 \\ 0 & 1 & -\dfrac{k}{2EI\omega^3} \\ 1 & 0 & \dfrac{kL}{2EI\omega^2} - 1 \end{bmatrix} \begin{Bmatrix} A \\ B \\ v_0 \end{Bmatrix} = \begin{Bmatrix} 0 \\ 0 \\ 0 \end{Bmatrix}$$

L'existence de solutions autres que ($A = 0$; $B = 0$; $v_0 = 0$) implique la nullité du déterminant, à savoir :

$$\operatorname{tg}\omega L = \omega L - \frac{2EI}{kL^3}(\omega L)^3$$

Cette équation transcendante à une inconnue : ωL, possède une infinité de solutions : $\omega_1 L$, $\omega_2 L$, ..., $\omega_n L$, ... auxquelles correspondent les forces critiques F_{c1}, F_{c2}, ..., F_{cn}, ...

<u>Remarque</u> : Pour $k = 0$, on retrouve naturellement le flambement d'Euler pour la poutre de longueur 2 L.

Exercice II.7.6 : FLAMBEMENT PAR FLEXION PLANE D'UNE POUTRE PRISMATIQUE COMPRIMEE

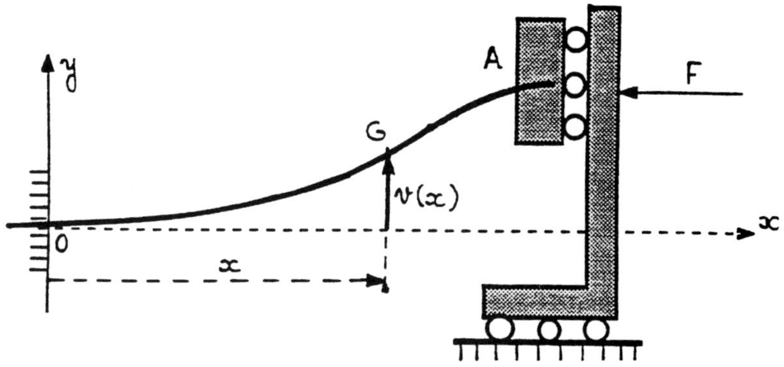

La section origine S_O est encastrée ; la section extrême S_A possède deux degrés de liberté : u_x et u_y (en translation suivant $x'x$ et $y'y$). La rotation ω_z en A est empêchée. La figure représente une configuration déformée d'équilibre sous l'action de la force de compression F .

Calculer la suite des chargements critiques F_n .

- SOLUTION PROPOSEE -

Le moment fléchissant à l'abscisse x est :

$$M = M_z = F(v_A - v) + M_A$$

où v désigne la flèche et M_A le moment d'encastrement en A .

L'équation différentielle de la flêche s'écrit donc :

$$\frac{d^2 v}{dx^2} = \frac{M}{EI} \quad \text{soit} \quad \frac{d^2 v}{dx^2} + \omega^2 . v = \omega^2 . v_A + \frac{M_A}{EI}$$

avec $\omega^2 = \dfrac{F}{EI}$ et $I = I_z$ = moment quadratique de flexion.

Sa solution générale s'écrit :

$$v(x) = A \cos \omega x + B \sin \omega x + v_A + \frac{M_A}{EI\omega^2}$$

Les conditions aux limites donnent, L désignant la longueur de la poutre :

— $x = 0,\ v = 0 \implies A + v_A + \dfrac{M_A}{EI\omega^2} = 0$

— $x = 0,\ v' = 0 \implies B = 0$

— $x = L,\ v' = 0 \implies A\,\omega \sin \omega L = 0$

A ne pouvant pas être nul, on a $\sin \omega L = 0$, donc

$$\omega L = n\pi \qquad \text{ou} \qquad \omega^2 = \frac{F}{EI} = \frac{n^2\pi^2}{L^2}$$

et

$$F = n^2 \frac{\pi^2 EI}{L^2}$$

L'équation de la déformée de la ligne moyenne correspondant à mode est :

$$v_n(x) = A\left(\cos \frac{n\pi x}{L} - 1\right)$$

A restant indéterminé.

Exercice II.7.7 : FLAMBEMENT PAR FLEXION PLANE D'UNE STRUCTURE COMPRIMEE

On considère une structure plane constituée de deux poutres OA , AB , prismatiques, assemblées entre elles par un pivot, et liées à l'extérieur respectivement par un encastrement et un appui simple comme il est indiqué sur la figure. La poutre AB est indéformable. La poutre OA est réalisée dans un matériau élastique de module d'Young E . Soit I_Y et I_z ses moments quadratiques de flexion.

$(I_Y \gg I_z = I)$

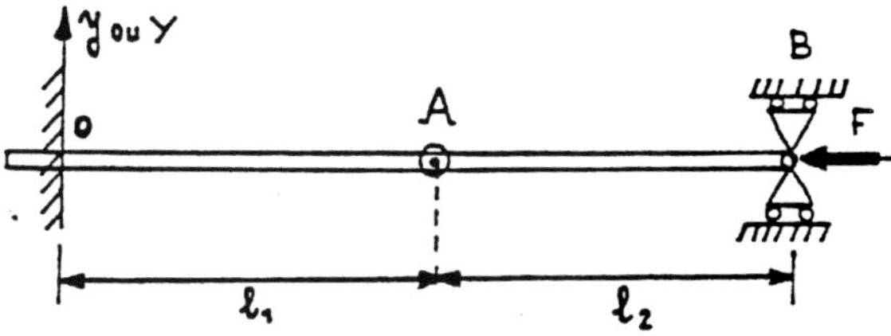

$\ell = \ell_1 + \ell_2$

La structure est soumise à l'action d'une force axiale F .
Déterminer la charge critique de flambement.

- SOLUTION PROPOSEE -

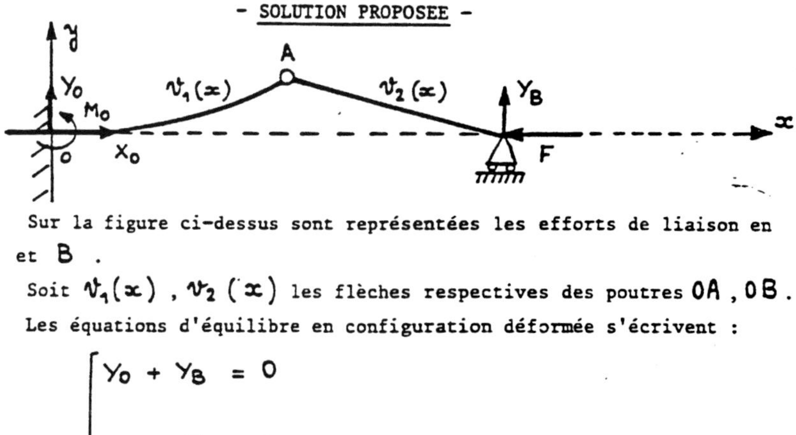

Sur la figure ci-dessus sont représentées les efforts de liaison en O et B .

Soit $v_1(x)$, $v_2(x)$ les flèches respectives des poutres OA , OB .
Les équations d'équilibre en configuration déformée s'écrivent :

$$\begin{cases} Y_O + Y_B = 0 \\ X_O - F = 0 \\ M_O + Y_B(\ell_1 + \ell_2) = 0 \end{cases}$$

$$Y_B \ell_2 - F v_2(\ell_1) = 0 \qquad \text{(Articulation en } A\text{)}$$

Considérons notre structure dans cette configuration :

. Poutre OA . Puisque cette poutre est élastique, on a :

$$\frac{d^2 v_1}{dx^2} = \frac{M}{EI} \qquad M = Y_B(\ell_1 + \ell_2 - x) - Fv = M_z$$

d'où :

$$v_1 = A_1 \cos \omega x + B_1 \sin \omega x + \frac{Y_B}{F}(\ell - x)$$

$$\omega = \sqrt{\frac{F}{EI}}$$

. Poutre AB . Cet élément étant rigide, on obtient :

$$v_2(x) = v_2(l_1) \cdot \frac{l - x}{l_2} = \frac{Y_B}{F}(l - x)$$

Ecrivons les conditions aux limites :

1) $v_1(l_1) = v_2(l_1)$ $\qquad \frac{Y_B}{F} l_2 = A_1 \cos \omega l_1 + B_1 \sin \omega l_1 + \frac{Y_B}{F} l_2$

2) $v_1(0) = 0$ $\qquad 0 = A_1 + \frac{Y_B}{F} l$

3) $v_1'(0) = 0$ $\qquad 0 = \omega B_1 - \frac{Y_B}{F}$

On obtient le système linéaire homogène suivant :

$$\begin{bmatrix} 1 & 0 & \frac{l}{F} \\ \cos \omega l_1 & \sin \omega l_1 & 0 \\ 0 & \omega & -\frac{1}{F} \end{bmatrix} \times \begin{Bmatrix} A_1 \\ B_1 \\ Y_B \end{Bmatrix} = \{0\}$$

La condition de flambement est obtenue en annulant le déterminant de ce système, pour rejeter la solution triviale.

d'où :

$$-\sin \omega l_1 + \cos \omega l_1 \cdot \omega . l = 0$$

Soit : $\qquad \operatorname{tg} \omega l_1 = \omega l \qquad \omega = \sqrt{\frac{F}{EI}}$

La résolution de cette équation transcendante donne la suite des valeurs de ω, donc de F_c .

Exercice II.7.8 : FLAMBEMENT DANS (xOy) D'UNE STRUCTURE POUTRES PLUS RESSORT

On considère la structure constituée de deux barres indéformables, AB et CD articulées entre elles en B , et d'un ressort de raideur représenté sur la figure (qui donne aussi les liaisons et les axes) :

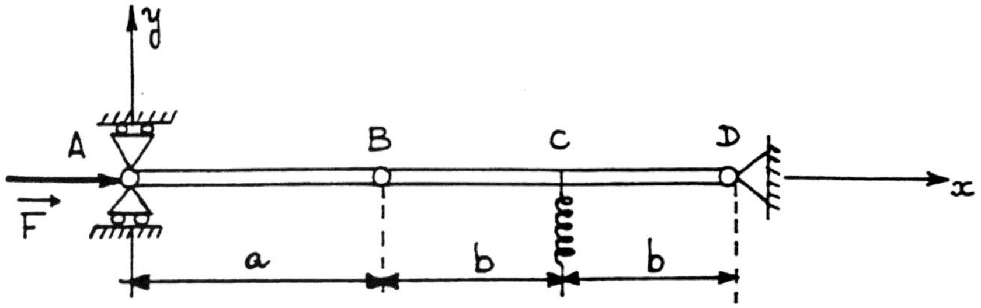

Cette structure est chargée dans son plan de symétrie (xOy) par une force axiale $\vec{F}$ ($F, 0, 0$) appliquée en A.

On demande de déterminer la valeur critique de la force F , en appliquant la méthode de l'énergie.

- SOLUTION PROPOSEE -

Nous raisonnerons en considérant la structure en configuration déformée :

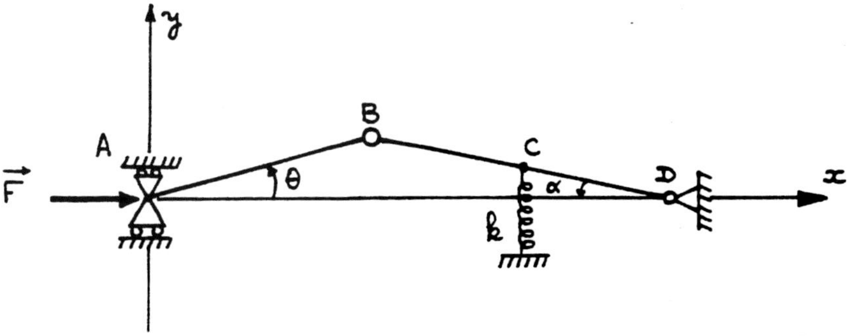

La méthode énergétique de détermination de la force critique F_c repose sur le théorème de Lejeune - Dirichlet, qui s'écrit ici :

$$\delta(V+W)=0 \quad \begin{cases} V = \text{énergie potentielle externe} \\ W = \text{énergie potentielle interne} \end{cases}$$

avec :

$$\delta V = F_c\left[-(a+2b)+(a\cos\theta+2b\cos\alpha)\right]$$

$$\delta W = \frac{1}{2}k v_c^2 \qquad (v_c = \text{flèche prise par C})$$

Soit :

$$F_c\left(a(1-\cos\theta)+2b(1-\cos\alpha)\right)=\frac{1}{2}k v_c^2$$

On peut exprimer v_c et α en fonction de θ :

D'où :

$$v_c = \frac{a}{2}\sin\theta = b\sin\alpha$$

$$F_c\left[a(1-\cos\theta)+2b(1-\cos\alpha)\right]=\frac{1}{2}k\frac{a^2}{4}\sin^2\theta$$

Comme θ et α sont petits devant 1 radian on peut écrire :

$$\frac{a}{2}\theta = b\alpha$$

$$\alpha = \frac{a}{2b}\theta$$

et

$$1-\cos\theta \;\#\; \frac{\theta^2}{2}$$

$$1-\cos\alpha \;\#\; \frac{\alpha^2}{2} = \frac{a^2}{8b^2}\theta^2$$

$$\sin^2\theta \;\#\; \theta^2$$

Soit :

$$F_c\left(a\frac{\theta^2}{2}+2b\frac{a^2}{8b^2}\theta^2\right)=\frac{ka^2\theta^2}{8}$$

et finalement :

$$F_c = \frac{kab}{2(2b+a)}$$

La structure possédant un seul degré de liberté, il n'y a qu'un mode de flambement, donc qu'un seul chargement critique.

Exercice II.7.9 : FLAMBEMENT PAR FLEXION PLANE

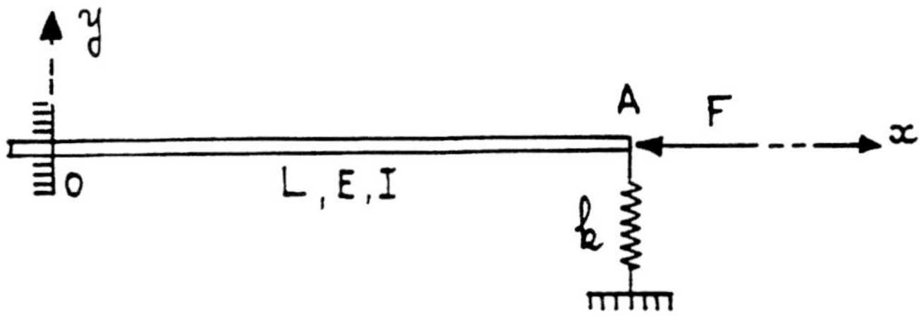

Une poutre prismatique, de caractéristiques (L , E , I) avec $I = I_Z \ll I_Y$, admet (xoy) pour plan moyen. Les liaisons, indiquées sur la figure, aux extrémités, sont un encastrement en O et un appui élastique de raideur k en A .

Calculer les chargements critiques (compression).

- SOLUTION PROPOSEE -

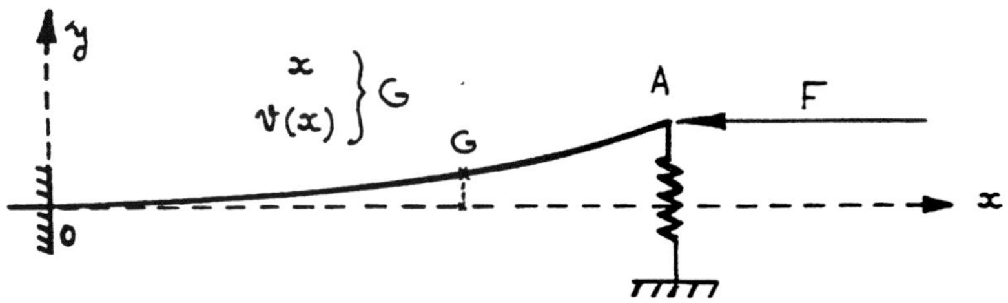

Dans une configuration déformée infiniment voisine de la configuration de repos, on a les équations d'équilibre :

$R_O + R_A = 0$ avec $R_A = -kv(L)$

et $\mathcal{M}_e + F.v(L) + R_A . L = 0$ ($\mathcal{M}_e$ = moment d'encastrement)

De plus, le moment fléchissant à l'abscisse x a pour expression :

$$M = F\left[v(L) - v(x)\right] + R_A\,(L - x)$$

On en déduit l'équation différentielle de la flèche v :

$$\frac{d^2v}{dx^2} = \frac{M}{EI} \qquad \text{soit} \qquad \frac{d^2v}{dx^2} + \omega^2 v = \frac{v(L).F}{EI} + \frac{R_A}{EI}\,(L - x)$$

Sa solution générale s'écrit, avec $\omega^2 = \dfrac{F}{EI}$:

$$\vartheta(x) = A\cos\omega x + B\sin\omega x + \vartheta(L) + \frac{R_A}{F}(L-x)$$

Les conditions de liaison donnent alors :

$$\vartheta(0) = 0 \implies A + \left(1 - \frac{kL}{F}\right)\vartheta(L) = 0$$

$$\vartheta'(0) = 0 \implies \omega B + \frac{k}{F}\,\vartheta(L) = 0$$

$$\vartheta(L) = -\frac{R_A}{k} \implies A\cos\omega L + B\sin\omega L = 0$$

c'est à dire le système linéaire et homogène :

$$\begin{bmatrix} 1 & 0 & 1-\dfrac{kL}{EI\omega^2} \\ 0 & \omega & \dfrac{k}{EI\omega^2} \\ \cos\omega L & \sin\omega L & 0 \end{bmatrix} \cdot \begin{Bmatrix} A \\ B \\ \vartheta(L) \end{Bmatrix} = \begin{Bmatrix} 0 \\ 0 \\ 0 \end{Bmatrix}$$

Celui-ci admet des solutions non triviales, si et seulement si son déterminant est nul, soit :

$$\operatorname{tg}\omega L = \omega L - \frac{EI}{kL^3}(\omega L)^3$$

Cette équation transcendante admet une suite infinie de solutions $\omega_1, \omega_2, \dots, \omega_n, \dots$, auxquelles correspondent les forces critiques $F_{c_1}, F_{c_2}, \dots, F_{c_n} \dots$.

Bien entendu pour $k = 0$ (absence d'appui en A), on retrouve le cas de la poutre encastrée - libre étudiée dans le cours avec $F_{cn} = (2n-1)^2\,\dfrac{\pi^2 EI}{4L^2}$, (n entier positif).

De même pour $k^{-1} = 0$, on retrouve la poutre encastrée - appuyée, étudiée dans le cours, d'équation caractéristique $\operatorname{tg}\omega L = \omega L$

Exercice II.7.10 : FLAMBEMENT PAR FLEXION PLANE D'UNE POUTRE PRISMATIQUE COMPRIMEE

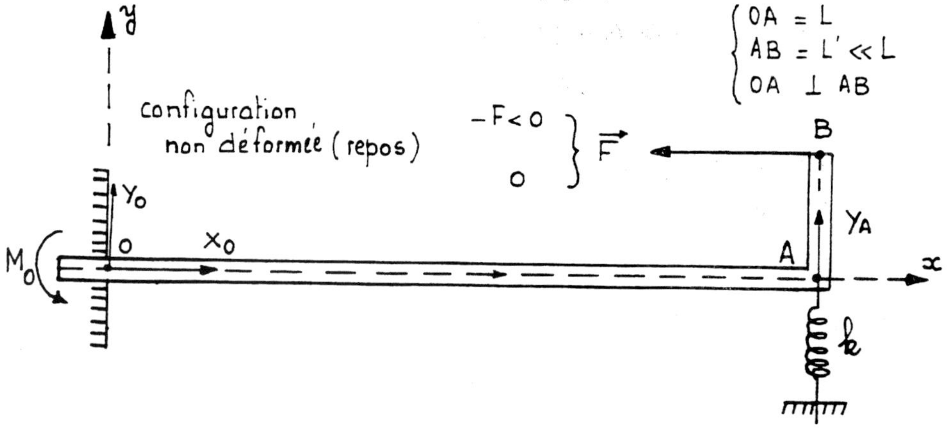

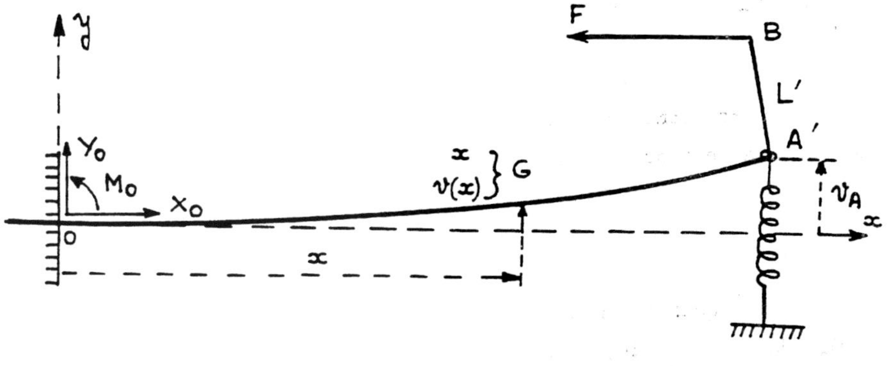

Configuration déformée (1er mode)
voisine de la configuration de repos.

On demande de trouver l'équation caractéristique ayant pour solutions les forces critiques F_{c_1}, F_{c_2} , ... , F_{c_n}, ...

- SOLUTION PROPOSEE -

Le moment fléchissant, sur la section d'abscisse x , a pour expression :

$$M_Z = M = F(\vartheta_A + L' - \vartheta) - k\vartheta_A(L - x)$$

L'équation différentielle de la flèche est donc :

$$\frac{d^2\vartheta}{dx^2} + \omega^2 \vartheta(x) = \omega^2 (L' + \vartheta_A) - \frac{k\vartheta_A}{EI}(L - x)$$

avec $\omega^2 = \dfrac{F}{EI}$. (EI : rigidité linéique de flexion)

La solution générale s'écrit :

$$\vartheta(x) = A\cos\omega x + B\sin\omega x + L' + \vartheta_A - \frac{k\vartheta_A}{\omega^2 EI}(L - x)$$

Les conditions aux limites imposent :

$$\begin{cases} \vartheta(0) = 0 \implies A + L' + \vartheta_A - \dfrac{kL\vartheta_A}{\omega^2 EI} = 0 \\ \vartheta'(0) = 0 \implies \omega B + \dfrac{k\vartheta_A}{\omega^2 EI} = 0 \\ \vartheta(L) = \vartheta_A \implies A\cos\omega L + B\sin\omega L + L' + \cancel{\vartheta_A} = \cancel{\vartheta_A} \end{cases}$$

La résolution donne :

$$\vartheta_A = \frac{L'(1 - \cos\omega L)}{\dfrac{k}{\omega^3 EI}\sin\omega L - \left(1 - \dfrac{kL}{EI\omega^2}\right)\cos\omega L}$$

Le chargement devient critique lorsque $\vartheta_A \longrightarrow \infty$, c'est-à-dire pour le dénominateur tendant vers zéro, ce qui se réalise pour :

$$\frac{\operatorname{tg}\omega L}{\omega L} = -1 + \frac{(\omega L)^2 EI}{kL^3}$$

Les solutions de cette équation transcendante en ω (donc en F) sont ω_{c1}, ω_{c2}, ... , ω_{cn}, ... d'où l'on tire la suite cherchée F_{c1}, F_{c2}, ... , F_{cn}, ...

Exercice II.7.11 : FLAMBEMENT PAR FLEXION PLANE D'UNE POUTRE PRISMATIQUE COMPRIMEE

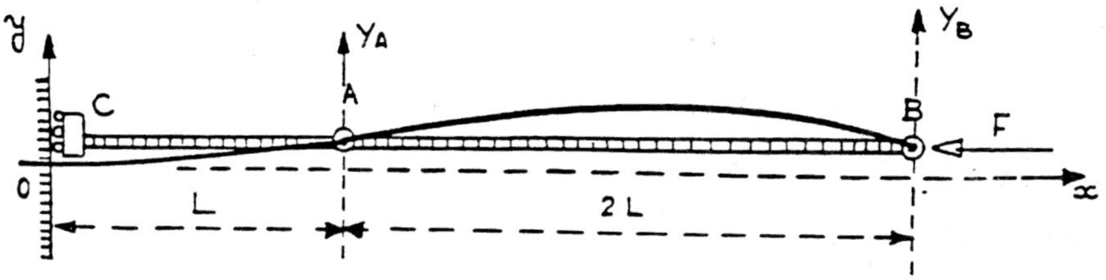

La poutre est encastrée suivant la section initiale S_O ; de plus, la section S_A d'abscisse L et la section S_B d'abscisse $3L$ (section finale) sont assujetties à avoir la même flêche ($v_A = v_B$). La figure représente la ligne moyenne (OAB) dans une configuration déformée infiniment voisine de celle de repos où O , A , B sont sur l'axe $x'x$

Calculer les forces critiques.

- <u>SOLUTION PROPOSEE</u> -

L'équilibre de la poutre déformable (OAB) s'écrit :

$$\left[\begin{array}{ll} \mathcal{M}_e + L.Y_A + 3LY_B + F.v_B = 0 & \text{(moment résultant en } O \text{)} \\ Y_0 + Y_A + Y_B = 0 & \text{(résultante générale suivant } Oy \text{).} \end{array}\right.$$

L'équilibre des forces appliquées à la barre indéformable (CAB) s'écrit en projection sur l'axe Oy: $Y_B + Y_A = 0$.

1) Sur le tronçon OA de la poutre, on a :

$$M_z = M = Y_A(L - x) + Y_B(3L - x) + F(v_B - v)$$

d'où, puisque $Y_A = - Y_B$, l'équation différentielle de la flèche :

$$\frac{d^2 v}{dx^2} + \omega^2 v(x) = \omega^2 v_B + \frac{2LY_B}{EI}$$

Sa solution générale s'écrit :

$$v(x) = A\cos\omega x + B\sin\omega x + v_B + 2L\frac{Y_B}{F}$$

avec :

$$v(0) = 0 \implies A + v_B + 2L\frac{Y_B}{F} = 0$$

$$v'(0) = 0 \implies B\omega = 0 \implies B = 0$$

$$v(L) = v_B \implies A\cos\omega L + \cancel{v_B} + 2L\frac{Y_B}{F} = \cancel{v_B}$$

et $\quad v'(L) = - A\omega\sin\omega L$

2) Sur le tronçon (AB), on a :

$$M = M_z = F(\vartheta_B - \vartheta) + Y_B(3L - x)$$

d'où :
$$\frac{d^2\vartheta}{dx^2} + \omega^2 . \vartheta(x) = \omega^2 . \vartheta_B + \frac{Y_B}{EI}(3L - x)$$

dont la solution générale est :

$$\vartheta(x) = A' \cos \omega x + B' \sin \omega x + \vartheta_B + \frac{Y_B}{F}(3L - x)$$

$$\vartheta(L) = \vartheta_B \Longrightarrow A' \cos \omega L + B' \sin \omega L + 2L \frac{Y_B}{F} = 0$$

$$\vartheta(3L) = \vartheta_B \Longrightarrow A' \cos 3\omega L + B' \sin 3\omega L = 0$$

$$\vartheta'(L) = -A' \omega \sin \omega L + B' \omega \cos \omega L - \frac{Y_B}{F}$$

Puisque $B = 0 = Y_A + Y_B$, on a le système linéaire homogène suivant à 5 inconnues ($A, A', B', Y_B, \vartheta_B$) :

$$\begin{bmatrix} 1 & 0 & 0 & 2L & 1 \\ \cos \omega L & 0 & 0 & 2L & 0 \\ 0 & \cos \omega L & \sin \omega L & 2L & 0 \\ 0 & \cos 3\omega L & \sin 3\omega L & 0 & 0 \\ \omega \sin \omega L & -\omega \sin \omega L & \omega \cos \omega L & -1 & 0 \end{bmatrix} \begin{Bmatrix} A \\ A' \\ B' \\ \frac{Y_B}{F} \\ \vartheta_B \end{Bmatrix} = \{0\}$$

La dernière équation traduit la continuité des pentes pour $x = L$.

La nullité du déterminant s'écrit :

$$\cos \omega L . [2\omega L(1 - 2\cos 2\omega L) + \sin 2\omega L] = 0$$

On a donc pour ω les solutions de $\cos \omega L = 0$ qui donnent les forces caractéristiques $F = \left(\frac{2n+1}{2}\right)^2 \frac{\pi^2 EI}{L^2}$ et les solutions de $[2\omega L(1 - 2\cos 2\omega L) + \sin 2\omega L = 0]$. La plus petite de toutes est $F_{c1} = \frac{\pi^2 EI}{4L^2}$.

Exercice II.7.12 : FLAMBEMENT PAR FLEXION PLANE D'UNE POUTRE COMPRIMEE

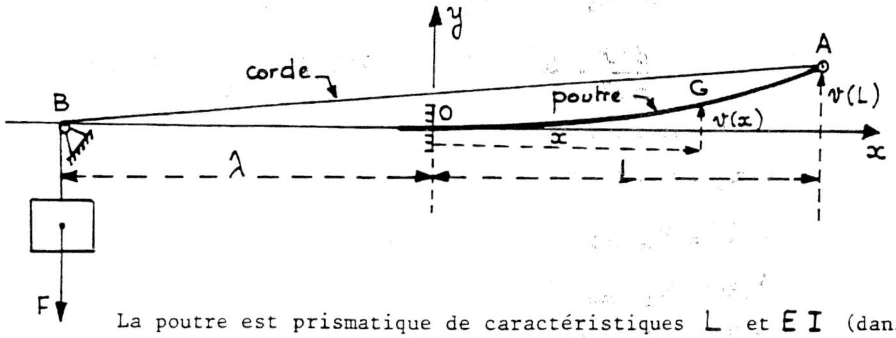

La poutre est prismatique de caractéristiques L et EI (dans son plan moyen xoy), avec $I = I_z \ll I_y$. La figure qui représente la structure en configuration déformée infiniment voisine de celle de repos, donne aussi les liaisons (encastrement en O) et les axes. On tire, avec une force d'intensité F , sur l'extrémité A , par l'intermédiaire d'une corde astreinte à passer par le point fixe $B(-\lambda, 0)$.

1) En négligeant la flèche due à l'effort tranchant, donner l'équation (transcendante) en ωL ayant pour solutions la suite des valeurs critiques $(\omega L)_1$, $(\omega L)_2$, ... d'où l'on peut déduire les forces critiques : F_{c1} , F_{c2}, ...

2) Que deviennent ces valeurs critiques si $\lambda = 0$ et si λ devient très grand devant L .

3) Application numérique : calculer F_{c1} avec les données suivantes : $L = 10\,m$, $\lambda = 20\,m$, $E = 210 \cdot 10^9\ Pa$, $I = 6 \cdot 10^5\,mm^4$.

- SOLUTION PROPOSEE -

L'équilibre de la structure donne $X_0 = F$, $Y_0 = \dfrac{v(L)}{\lambda + L} F$

et $\mathcal{M}_e = -\dfrac{v(L).F.\lambda}{\lambda + L}$ (moment d'encastrement)

Le moment fléchissant, à l'abscisse x , a pour expression :

$$M(x) = F\left[v(L)\,\frac{\lambda + x}{\lambda + L} - v(x)\right]$$

L'équation différentielle de la flèche s'écrit donc :

$$\frac{d^2 v}{dx^2} + \frac{F}{EI} v(x) = \frac{F}{EI} v(L) \frac{\lambda + x}{\lambda + L}$$

Sa solution générale est :

$$v = A \cos \omega x + B \sin \omega x + v(L) \frac{\lambda + x}{\lambda + L} \qquad \text{avec } \omega^2 = \frac{F}{EI}$$

Les trois constantes A, B et $v(L)$ sont solutions du système linéaire et homogène :

$$\begin{bmatrix} 1 & 0 & \frac{\lambda}{\lambda + L} \\ 0 & \omega & \frac{1}{\lambda + L} \\ \cos \omega L & \sin \omega L & 0 \end{bmatrix} \cdot \begin{Bmatrix} A \\ B \\ v(L) \end{Bmatrix} = \{0\}$$

qui traduit les conditions :

(1) pour $x = 0$, $v = 0$ (2) pour $x = 0$, $v' = 0$ (3) pour $x = L$ $v = v(L)$.

1) Pour admettre des solutions non triviales, ce système doit avoir une matrice singulière. La nullité du déterminant donne l'équation caractéristique cherchée :

$$\frac{\operatorname{tg} \omega L}{\omega L} = - \frac{\lambda}{L}$$

2) Pour $\lambda = 0$, on retrouve le cas d'Euler : $F_{cn} = \frac{n^2 \pi^2 EI}{L^2}$

Pour λ très grand devant L, on a : $F_{cn} = \frac{(2n+1)^2}{4} \frac{\pi^2 EI}{L^2}$

3) Application numérique = on a ici $- \frac{\lambda}{L} = -2$; l'équation caractéristique a alors pour plus petite solution positive :

$$(\omega L)_1 = 2{,}033 \qquad \Longrightarrow \qquad F_{c1} = 4{,}132 \frac{EI}{L^2}$$

Soit

$$F_{c1} = 5206 \ N$$

Exercice II.7.13 : POUTRE BAIGNANT DANS UN MILIEU ELASTIQUE

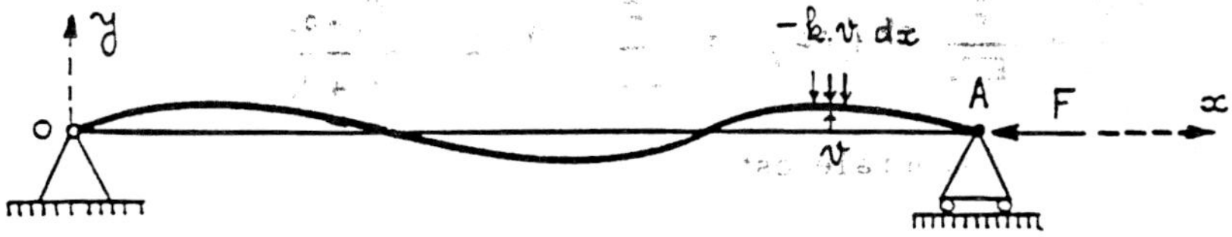

On étudie le flambement par flexion plane d'une poutre prismatique comprimée. On a :

L = longueur de la poutre.

Ox = axe de la poutre au repos.

Oy, Oz = axes principaux centraux de la section $x = 0$.

I_y et I_z = moments quadratiques centraux principaux de la section droite S, avec $I_z = I \ll I_y$.

La poutre baigne dans un milieu élastique de raideur k ; en d'autres termes, si un élément (dx) prend une flèche v, il est soumis de la part du milieu, à une réaction $-k.v\,dx$ parallèle à yy'.

1) Calculer la force critique F_n du mode à n demi-ondes.

2) Déterminer la plus petite valeur de F_n et la valeur de n correspondante.

3) Application numérique : $L = 10\,m$; $E = 200.10^9\ Pa$; $k = 10^5\ \dfrac{N}{m^2}$; la section droite est un disque de rayon 2 cm.

- SOLUTION PROPOSEE -

1) Le moment fléchissant, à l'abscisse x, a pour expression :

$$M = -F.v(x) + R_A(L-x) - k\int_x^L (\xi - x)\,v(\xi)\,d\xi$$

avec $R_O + R_A = k\displaystyle\int_0^L v(x)\,dx$

et $L.R_A = k\displaystyle\int_0^L x.v(x)\,dx$

} équilibre

On en déduit l'équation différentielle de la flèche :

$$EI\frac{d^2v}{dx^2} = M = -F.v + R_A(L-x) - k\int_x^L (\xi - x)\,v(\xi)\,d\xi$$

En dérivant deux fois, compte tenu de la formule :

$$\frac{d}{dx}\int_L^x f(x,\xi)\,.\,d\xi = f(x,x) + \int_L^x \frac{\partial f}{\partial x}\,d\xi$$, on obtient :

$$EI\,\frac{d^4 v}{dx^4} + F\,\frac{d^2 v}{dx^2} + k\,.\,v = 0$$

La solution à n demi-ondes satisfaisant à cette équation différentielle et aux conditions aux limites est :

$$v = a \sin \frac{n\pi x}{L}$$ (a = coefficient indéterminé)

On en déduit $F_n = \dfrac{\pi^2 EI}{L^2}\left[n^2 + \dfrac{kL^4}{n^2\pi^4 EI}\right]$

2) La fonction $y = x^2 + \dfrac{c}{x^2}$, $c > 0$, est minimale pour

$x = \dfrac{L}{\pi}\sqrt[4]{\dfrac{k}{EI}}$ puisque $c = \dfrac{kL^4}{\pi^4 EI}$; F_n est donc minimale pour n entier positif le plus proche de $\dfrac{L}{\pi}\sqrt[4]{\dfrac{k}{EI}}$.

3) avec les données numériques, on a :

$$F_n = 80\,\pi^3\left[n^2 + \frac{10^6}{8\pi^5 n^2}\right]$$

La valeur de n rendant F_n minimale est $\simeq \dfrac{10}{\pi}\sqrt[4]{\dfrac{100}{8\pi}} \simeq 4{,}5$

On calcule :

$$F_4 = 103{,}014\ kN$$

$$F_5 = 102{,}541\ kN$$

Le mode critique fondamental (correspondant au chargement le plus faible) est donc celui à 5 demi-ondes.

$$(F)_{fond} = (F)_{min} = 102{,}541\ kN$$

Exercice II.7.14 : FLAMBEMENT PAR FLEXION PLANE D'UN MAT PRISMATIQUE VERTICAL SOUS SON PROPRE POIDS

On considère une poutre prismatique, verticale reliée au bâti en O par un pivot d'axe Oz et en A par un appui simple à plan d'appui vertical. Cette poutre est soumise uniquement à son poids (p par unité de longueur). On cherche à déterminer la longueur critique de flambement ℓ_c par une méthode approchée itérative.

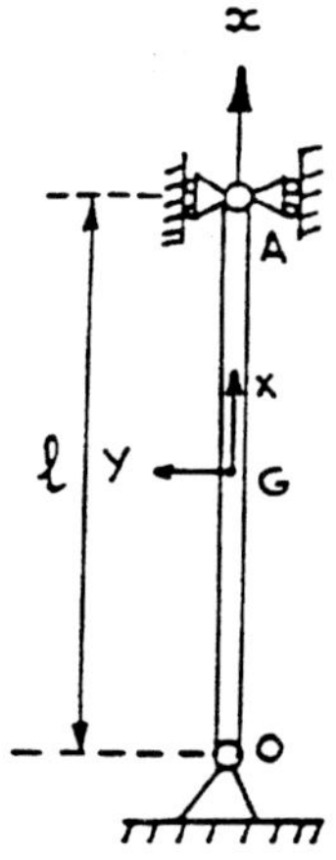

$I = I_z \ll I_y$

Marche à suivre proposée :

1/ Déterminer, en écrivant les équations d'équilibre, les expressions des réactions d'appuis.

2/ Trouver le polynôme du 4° degré en $\frac{x}{\ell}$ satisfaisant les conditions aux limites.

3/ En déduire une valeur approchée du moment de flexion, $M_0(x)$, sur la section courante.

4/ Intégrer l'équation différentielle du problème $\frac{d^2v_1}{dx^2} = \frac{M_0}{EI}$

5/ Déterminer une valeur approchée de la longueur critique ℓ_{CR}

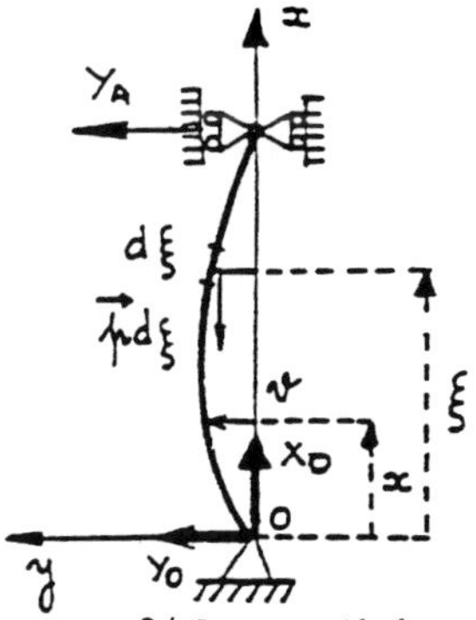

- SOLUTION PROPOSEE -

1/ Les équations d'équilibre, s'écrivent :

$$\begin{cases} X_0 - p\ell = 0 \\ Y_0 + Y_A = 0 \\ \ell Y_A + \int_0^\ell p\,v(\xi)\,d\xi = 0 \end{cases}$$

2/ Les conditions aux limites imposent :

$$v(0) = 0 \quad ; \quad v(\ell) = 0 \; ; \; M(\ell) = M(0) = 0 \Rightarrow v''(0) = v''(\ell) = 0$$

On notera : $v\left(\frac{\ell}{2}\right) = a$ (flèche imposée au centre)

d'où $v_0(x) = \frac{16}{5}\, a\, \frac{x}{\ell}\left(1 - \frac{x}{\ell}\right)\left(1 + \frac{x}{\ell} - \frac{x^2}{\ell^2}\right)$ (1)

3/

$$M_0 = Y_A(\ell - x) + p\int_x^\ell \left[v_0(\xi) - v_0(x)\right] d\xi$$

4/

$$EI\,\frac{d^2v_1}{dx^2} = Y_A(\ell - x) + p\int_x^\ell \left[v_0(\xi) - v_0(x)\right] d\xi$$

Remplaçons Y_A par sa valeur ; il vient :

$$EI\frac{d^2v_1}{dx^2}+\frac{(\ell-x)}{\ell}p\int_0^\ell v_0(\xi)d\xi+p\int_x^\ell[v_0(x)-v_0(\xi)]d\xi=0$$

Soit :

$$\frac{EI}{p}\frac{d^2v_1}{dx^2}+(\ell-x)v_0+\int_0^x v_0(\xi)d\xi-\frac{x}{L}\int_0^\ell v_0(\xi)d\xi=0$$

$$\frac{EI}{p}\frac{d^2v_1}{dx^2}=-(\ell-x)v_0-\int_0^x v_0(\xi)d\xi+\frac{x}{\ell}\int_0^\ell v_0(\xi)d\xi$$

Remplaçons dans le second membre v_0 par son expression (1) ; il vient :

$$\frac{EI}{p}\frac{d^2v_1}{dx^2}=16\ell a\left[\frac{4}{5}\frac{x^5}{\ell^5}-\frac{5}{2}\frac{x^4}{\ell^4}+2\frac{x^3}{\ell^3}+\frac{1}{2}\frac{x^2}{\ell^2}-\frac{4}{5}\frac{x}{\ell}\right]$$

d'où : $$\frac{EI}{p}v_1=\frac{16}{5}\ell^3a\left[\frac{2}{7.15}\frac{x^7}{\ell^7}-\frac{1}{12}\frac{x^6}{\ell^6}+\frac{1}{10}\frac{x^5}{\ell^5}+\frac{1}{24}\frac{x^4}{\ell^4}-\frac{2}{15}\frac{x^3}{\ell^3}+A\frac{x}{\ell}+B\right]$$

$$v_1(0)=0\ ;\ v_1(\ell)=0\ \text{d'où}\ B=0,\ A=\frac{47}{840}$$

Il reste à écrire que la flèche imposée au centre de la poutre a la valeur imposée a :

on obtient : $$\frac{EI}{p}a=\frac{16}{5}\ell^3a\frac{427}{2^8.3.5.7}$$

On en déduit une première valeur approchée de la longueur critique de flambement :

$$\ell_{CR}=\sqrt[3]{19{,}7\frac{EI}{p}}$$

Partant de $v_1(x)$, on en déduit une nouvelle approximation $M_1(x)$ du moment fléchissant ; une nouvelle intégration de l'équation $\frac{d^2v_2}{dx^2}=\frac{M_1}{EI}$ donnerait une seconde valeur approchée de ℓ_{CR}, grâce aux conditions :

$$v_2(0)=0=v_2(\ell)\ \text{et}\ v_2\left(\frac{\ell}{2}\right)=a$$

Exercice II.7.15 : DEVERSEMENT LATERAL D'UNE POUTRE CHARGEE EN FLEXION PURE

Une poutre OA encastrée en O est soumise à son extrêmité libre A à un moment de flexion $\overset{\frown}{M}$ d'intensité M.

L'extrêmité A est libre de tourner autour de l'axe GX, ligne moyenne de la poutre, comme le montre la figure.

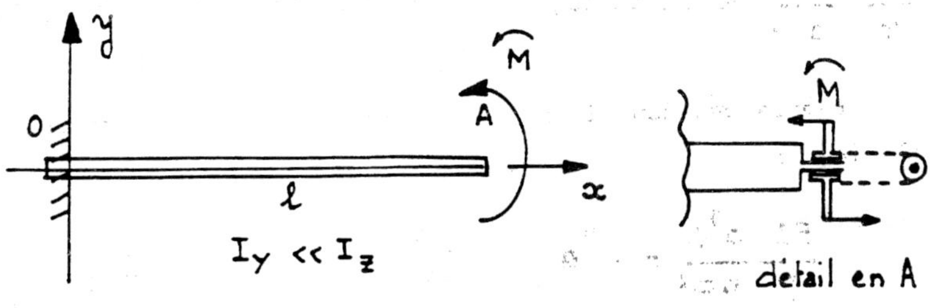

Le moment quadratique I_z est très supérieur au moment quadratique I_y. On demande de déterminer la valeur critique M_c du moment $\overset{\frown}{M}$ qui provoque le déversement latéral de cette poutre.

- SOLUTION PROPOSEE -

Dans le repère $\{G, X_0\, Y_0\, Z_0\}$ la seule composante non nulle du visseur est M.

Dans le repère $\{G, X\, Y\, Z\}$, en utilisant la matrice de passage $[P^{-1}]$, on obtient, pour les composantes du visseur :

$$M_x = \frac{dw}{dx} M \, ; \quad M_y = \omega_x M \; ; \quad M_z = M$$

On sait d'autre part que :

$$\frac{d^2 w}{dx^2} = -\frac{M_y}{EI_y} \; ; \quad \frac{d^2 v}{dx^2} = \frac{M_z}{EI_z} \; ; \quad \frac{d\omega_x}{dx} = \frac{M_x}{GJ}$$

d'où

$$\frac{d}{dx}\left(\frac{GJ}{M}\frac{d\omega_x}{dx}\right) + \frac{M}{EI_y}\,\omega_x = 0$$

Soit :

$$\frac{d^2\omega_x}{dx^2} + \frac{M^2}{GJEI_y}\,\omega_x = 0$$

On en déduit :

$$\omega_x = A\cos\lambda x + B\sin\lambda x \qquad \text{avec } \lambda = \sqrt{\frac{M^2}{GJEI_y}}$$

Les conditions aux limites permettent de déterminer les constantes d'intégration :

$$x = 0 : \quad \omega_x(0) = 0 \implies A = 0$$

$$x = \ell \quad M_x = 0 \implies \left(\frac{d\omega_x}{dx}\right)_{x=\ell} = 0 \implies \lambda B\cos\lambda\ell = 0$$

Pour ne pas obtenir la solution triviale, on doit avoir :

$$\cos\lambda\ell = 0 \qquad \text{soit} \quad \lambda = \frac{\pi}{2\ell}$$

Le moment critique de flambage vaut :

$$M_c = \frac{\pi}{2\ell}\sqrt{EI_yGJ}$$

Vous pouvez faire part de vos remarques,
critiques, suggestions
aux auteurs à cette adresse :

auteurs@cepadues.com

Messages
111, rue Nicolas-Vauquelin – 31100 Toulouse

Imprimé en France